职业技能培训教材
建筑工程系列

测量放线工

◎ 赵熙茗　张　立　编著

中国农业科学技术出版社

图书在版编目（CIP）数据

测量放线工/赵熙茗，张立编著. —北京：中国
农业科学技术出版社，2019.9

（职业技能培训教材·建筑工程系列）

ISBN 978-7-5116-4352-0

Ⅰ.①测…　Ⅱ.①赵…②张…　Ⅲ.①建筑测量
Ⅳ.①TU198

中国版本图书馆 CIP 数据核字（2019）第 183285 号

责任编辑　闫庆健　王惟萍
责任校对　李向荣

出 版 者　中国农业科学技术出版社
　　　　　　北京市中关村南大街 12 号　邮编：100081
电 　 话　（010）82106625（编辑室）　　（010）82109704（发行部）
　　　　　　（010）82109709（读者服务部）
传 　 真　（010）82106625
网 　 址　http://www.castp.cn
经 销 者　各地新华书店
印 刷 者　北京建宏印刷有限公司
开 　 本　850mm×1 168mm　1/32
印 　 张　6
字 　 数　167 千字
版 　 次　2019 年 9 月第 1 版　2020 年 9 月第 2 次印刷
定 　 价　26.80 元

前　言

随着我国经济建设飞速发展，城乡建设规模日益扩大，建筑施工队伍不断增加，建筑工程基层施工人员肩负着重要的施工职责，是他们依据图纸上的建筑线条和数据，一砖一瓦地建成实实在在的建筑空间，他们技术水平的高低，直接关系到工程项目施工的质量和效率，关系到建筑物的经济和社会效益，关系到使用者的生命和财产安全，关系到企业的信誉、前途和发展。对此，我国在建筑行业实行关键岗位培训考核和持证上岗，对于提高从业人员的专业水平和职业素养、促进施工现场规范化管理、保证工程质量和安全以及推动行业发展和进步发挥了重要作用。

本丛书结合原建设部、劳动和社会保障部发布的《职业技能标准》和《职业技能岗位鉴定规范》，以实现全面提高建设领域职工队伍整体素质，加快培养具有熟练操作技能的技术工人，尤其是加快提高建筑业基层施工人员职业技能水平，保证建筑工程质量和安全，促进广大基层施工人员就业为目标，按照国家职业资格等级划分要求，结合农民工实际情况，具体以"职业资格五级（初级工）""职业资格四级（中级工）"和"职业资格三级（高级工）"为重点而编写，是专为建筑业基层施工人员"量身订制"的一套培训教材。

本丛书包括《建筑机械操作工》《测量放线工》《建筑电工》《砌筑工》《电焊工》《钢筋工》《水暖工》《防水工》《抹灰工》《油漆工》共 10 种。

丛书内容不仅涵盖了先进、成熟、实用的建筑工程施工技术，还包括了现代新材料、新技术、新工艺、环境与职业健康安全、节能环保等方面的知识，内容全面、先进、实用，文字通俗易懂、语言生动，并辅以大量直观的图表，能满足不同文化层次的技术工人和读者的需要。

　　由于时间限制，以及作者水平有限，书中难免有疏漏和谬误之处，欢迎广大读者批评指正。

编著者
2019 年 8 月

目　　录

職業技能培訓教材·建築工程系列

測量放線工

第一章

测量放线工涉及法律法规及规范

》》 第一节　测量放线工涉及法律法规 《《

一、《中华人民共和国建筑法》

1. 建筑法赋予测量放线工的权利

（1）有权对影响人身健康的作业程序和作业条件提出改进意见，有权获得安全生产所需的防护用品，对危及生命安全和人身健康的行为有权提出批评、检举和控告。

（2）对建筑工程的质量事故、质量缺陷有权向建设行政主管部门或者其他有关部门进行检举、控告、投诉。

2. 保障他人合法权益

从事测量放线工作业时应当遵守法律、法规，不得损害社会公共利益和他人的合法权益。

3. 不得违章作业

测量放线工在作业过程中，应当遵守有关安全生产的法律、法规和建筑行业安全规章、规程，不得违章指挥或者违章作业。

4. 依法取得执业资格证书

从事建筑活动的测量放线工，应当依法取得执业资格证书，并在执业资格证书许可的范围内从事建筑活动。

5. 安全生产教育培训制度

测量放线工在施工单位应接受安全生产的教育培训，未经安全生产教育培训的测量放线工不得上岗作业。

6. 施工中严禁违反的条例

必须严格按照工程设计图纸和施工技术标准施工，不得偷工减料或擅自修改工程设计。

7. 不得收受贿赂

在工程发包与承包中索贿、受贿、行贿，构成犯罪的，依法追究刑事责任；不构成犯罪的，分别处以罚款，没收贿赂的财物。

二、《中华人民共和国消防法》

1. 消防法赋予测量放线工的义务

维护消防安全、保护消防设施、预防火灾、报告火警、参加有组织的灭火工作。

2. 造成消防隐患的处罚

测量放线工在作业过程中，不得损坏、挪用或者擅自拆除、停用消防设施、器材，不得埋压、圈占、遮挡消火栓或者占用防火间距，不得占用、堵塞、封闭疏散通道、安全出口、消防车通道。人员密集场所的门窗不得设置影响逃生和灭火救援的障碍物。违者处 5 000 元以上 50 000 元以下罚款。

三、《中华人民共和国电力法》

测量放线工在作业过程中，不得损坏发电设施、变电设施和电力线路设施及其有关辅助设施；不得非法占用变电设施用地、输电线路走廊和电缆通道；不得在依法划定的电力设施保护区内堆放可能危及电力设施安全的物品。

四、《中华人民共和国计量法》

测量放线工在作业过程中，不得破坏使用计量器具的准确度，损害国家和消费者的利益。

五、《中华人民共和国劳动法》《中华人民共和国劳动合同法》

1. 劳动法、劳动合同法赋予测量放线工的权利

（1）享有平等就业和选择职业的权利。

（2）取得劳动报酬的权利。

（3）休息休假的权利。

（4）获得劳动安全卫生保护的权利。

（5）接受职业技能培训的权利。

（6）享受社会保险和福利的权利。

（7）提请劳动争议处理的权利。

（8）法律规定的其他劳动权利。

2. 劳动合同的主要内容

（1）用人单位的名称、住所和法定代表人或者主要负责人。

（2）劳动者的姓名、住址和居民身份证或者其他有效身份证件号码。

（3）劳动合同期限。

（4）工作内容和工作地点。

（5）工作时间和休息休假。

（6）劳动报酬。

（7）社会保险。

（8）劳动保护、劳动条件和职业危害防护。

（9）法律、法规规定应当纳入劳动合同的其他事项。

（10）劳动合同除前款规定的必备条款外，用人单位与劳动者可以约定试用期、培训、保守秘密、补充保险和福利待遇等其他事项。

3. 劳动合同订立的期限

根据国家法律规定，在用工前订立劳动合同的，劳动关系自用工之日起建立。已建立劳动关系，未同时订立书面劳动合同的，应当自用工之日起1个月内订立书面劳动合同。

4. 劳动合同的试用期限

劳动合同期限3个月以上不满1年的，试用期不得超过1个月；劳动合同期限1年以上不满3年的，试用期不得超过2个月；3年以上固定期限和无固定期限的劳动合同，试用期不得超过6个月。

5. 劳动合同中不约定试用期的情况

以完成一定工作任务为期限的劳动合同或者劳动合同期限不满3个月的，不得约定试用期。

6. 劳动合同中约定试用期不成立的情况

劳动合同仅约定试用期的，试用期不成立，该期限为劳动合同期限。

7. 试用期的工资标准

试用期的工资不得低于本单位相同岗位最低档工资或者劳动合同约定工资的 80%，并不得低于用人单位所在地的最低工资标准。

8. 没有订立劳动合同情况下的工资标准

用人单位未在用工的同时订立书面劳动合同，与劳动者约定的劳动报酬不明确的，新招用的劳动者的劳动报酬按照集体合同规定的标准执行，没有集体合同或者集体合同未规定的，实行同工同酬。

9. 无固定期限劳动合同

无固定期限劳动合同，是指用人单位与劳动者约定无确定终止时间的劳动合同。

10. 固定期限劳动合同

固定期限劳动合同，是指用人单位与劳动者约定合同终止时间的劳动合同。测量放线工在该用人单位连续工作满 10 年的，应当订立无固定期限劳动合同。

11. 工作时间制度

国家实行劳动者每日工作时间不超过 8 小时、平均每周工作时间不超过 44 小时的工时制度。

12. 休息时间制度

用人单位应当保证劳动者每周至少休息 1 日，在元旦、春节、国际劳动节、国庆节、法律、法规规定的其他休假节日期间应当依法安排劳动者休假。

13. 集体合同的工资标准

集体合同中劳动报酬和劳动条件等标准不得低于当地人民政府规定的最低标准；用人单位与劳动者订立的劳动合同中劳动报酬和劳动条件等标准不得低于集体合同规定的标准。

14. 非全日制用工

（1）非全日制用工，是指以小时计酬为主，劳动者在同一用人单位一般平均每日工作时间不超过 4 小时，每周工作时间累计不超过 24 小时的用工形式。

（2）非全日制用工双方当事人不得约定试用期。

六、《中华人民共和国安全生产法》

1. 安全生产法赋予测量放线工的权利

（1）测量放线工作业人员有权了解其作业场所和工作岗位存在的危险因素、防范措施及事故应急措施，有权对本单位的安全生产工作提出建议。

（2）测量放线工作业人员有权对本单位安全生产工作中存在的问题提出批评、检举、控告；有权拒绝违章指挥和强令冒险作业。

（3）测量放线工作业时，发现危及人身安全的紧急情况，有权停止作业或采取应急措施后撤离作业场所。

（4）测量放线工因生产安全事故受到损害，除依法享有工伤保险外，依照有关民事法律规定尚有获得赔偿权利的，有权向本单位提出赔偿要求。

（5）测量放线工享有配备劳动防护用品、进行安全生产培训的权利。

2. 安全生产法赋予测量放线工的义务

（1）作业过程中，应当严格遵守本单位的安全生产规章制度和操作规程，服从管理，正确佩戴和使用劳动防护用品。

（2）发现事故隐患或者其他不安全因素，应当立即向现场安全生产管理人员或者本单位负责人报告；接到报告的人员应当及时予以处理。

（3）认真接受安全生产教育和培训，掌握本职工作所需的安全生产知识，提高安全生产技能，增强事故预防和应急处理能力。

3. 测量放线工人员应具备的素质

具备必要的安全生产知识，熟悉有关的安全生产规章制度和安全操作规程，掌握本岗位的安全操作技能，了解事故应急处理措施，知悉自身在安全生产方面的权利和义务。

4. 掌握四新

测量放线工作业人员在采用新工艺、新技术、新材料、新设备的同时，必须了解、掌握其安全技术特性，采取有效的安全防护措施；严禁使用应当淘汰的危及生产安全的工艺、设备。

5. 员工宿舍

生产、经营、储存、使用危险物品的车间、商店、仓库不得与员工宿舍在同一座建筑物内，并与员工宿舍保持安全距离。员工宿舍应设有符合紧急疏散要求、标志明显、保持畅通的出口。

七、《中华人民共和国保险法》《中华人民共和国社会保险法》

1. 社会保险法赋予测量放线工的权利

依法享受社会保险待遇，有权监督本单位为其缴费情况，有权查询缴费记录、个人权益记录，要求社会保险经办机构提供社会保险咨询等相关服务。

2. 用人单位应缴纳的保险

（1）基本养老保险，由用人单位和测量放线工共同缴纳。

（2）基本医疗保险，由用人单位和测量放线工按照国家规定共同缴纳。

（3）工伤保险，由用人单位按照本单位测量放线工工资总额，根据社会保险经办机构确定的费率缴纳。

（4）失业保险，由用人单位和测量放线工按照国家规定共同缴纳。

（5）生育保险，由用人单位按照国家规定缴纳。

3. 基本医疗保险不能支付的医疗费

（1）应当从工伤保险基金中支付的。

（2）应当由第三人负担的。

（3）应当由公共卫生负担的。

（4）在境外就医的。

4. 适用于工伤保险待遇的情况

因工作原因受到事故伤害或者患职业病，且经工伤认定的，享受工伤保险待遇；其中，经劳动能力鉴定丧失劳动能力的，享受伤残待遇。

5. 领取失业保险金的条件

（1）失业前用人单位和本人已经缴纳失业保险费满 1 年的。

（2）非因本人意愿中断就业的。

（3）已经进行失业登记，并有求职要求的。

6. 适用于领取生育津贴的情况

（1）女测量放线工生育享受产假。

（2）享受计划生育手术休假。

（3）法律、法规规定的其他情形。

生育津贴按照测量放线工所在用人单位上年度测量放线工月平均工资计发。

八、《中华人民共和国环境保护法》

1. 环境保护法赋予测量放线工的权利

发现地方各级人民政府、县级以上人民政府环境保护主管部门和其他负有环境保护监督管理职责的部门不依法履行职责的，有权向其上级机关或者监察机关举报。

2. 环境保护法赋予测量放线工的义务

应当增强环境保护意识，采取低碳、节俭的生活方式，自觉履行环境保护义务。

九、《中华人民共和国民法通则》

民法通则赋予测量放线工的权利。测量放线工对自己的发明或科技成果，有权申请领取荣誉证书、奖金或者其他奖励。

十、《建设工程安全生产管理条例》

1. 安全生产管理条例赋予测量放线工的权利

（1）依法享受工伤保险待遇。

（2）参加安全生产教育和培训。

（3）了解作业场所、工作岗位存在的危险、危害因素及防范和应急措施，获得工作所需的合格劳动防护用品。

（4）对本单位安全生产工作提出建议，对存在的问题提出批评、检举和控告。

（5）拒绝违章指挥和强令冒险作业，发现直接危及人身安全紧急情况时，有权停止作业或者采取可能的应急措施后撤离作业场所。

（6）因事故受到损害后依法要求赔偿。

（7）法律、法规规定的其他权利。

2. 安全生产管理条例赋予测量放线工的义务

（1）遵守本单位安全生产规章制度和安全操作规程。

（2）接受安全生产教育和培训，参加应急演练。

（3）检查作业岗位（场所）事故隐患或者不安全因素并及时报告。

（4）发生事故时，应及时报告和处置。紧急撤离时，服从现场统一指挥。

（5）配合事故调查，如实提供有关情况。

（6）法律、法规规定的其他义务。

十一、《建设工程质量管理条例》

1. 建设工程质量管理条例赋予测量放线工的义务

对涉及结构安全的试块、试件以及有关材料，应当在建设单位或者工程监理单位监督下现场取样，并送具有相应资质等级的质量检测单位进行检测。

2. 重大工程质量的处罚

（1）违反国家规定，降低工程质量标准，造成重大安全事故，构成犯罪的，对直接责任人员依法追究刑事责任。

（2）发生重大工程质量事故隐瞒不报、谎报或者拖延报告期限的，对直接负责的主管人员和其他责任人员依法给予行政处分。

（3）因调动工作、退休等原因离开该单位后，被发现在该单位工作期间违反国家有关建设工程质量管理规定，造成重大工程质量事故的，仍应当依法追究法律责任。

十二、《工伤保险条例》

1. 认定为工伤的情况

（1）在工作时间和工作场所内，因工作原因受到事故伤害的。

（2）工作时间前后在工作场所内，从事与工作有关的预备性或者收尾性工作受到事故伤害的。

（3）在工作时间和工作场所内，因履行工作职责受到暴力等意外伤害的。

（4）患职业病的。

（5）因工外出期间，由于工作原因受到伤害或者发生事故下落不明的。

（6）在上下班途中，受到非本人主要责任的交通事故或者城市轨道交通、客运轮渡、火车事故伤害的。

（7）法律、行政法规规定应当认定为工伤的其他情形。

2. 视同为工伤的情况

（1）在工作时间和工作岗位，突发疾病死亡或者在 48 小时之内经抢救无效死亡的。

（2）在抢险救灾等维护国家利益、公共利益活动中受到伤害的。

（3）测量放线工原在军队服役，因战、因公负伤致残，已取得革命伤残军人证，到用人单位后旧伤复发的。

有前款第（1）项、第（2）项情形的，按照本条例的有关规定享受工伤保险待遇；有前款第（3）项情形的，按照本条例的有关规定享受除一次性伤残补助金以外的工伤保险待遇。

3. 工伤认定申请表的内容

工伤认定申请表应当包括事故发生的时间、地点、原因以及测量放线工伤害程度等基本情况。

4. 工伤认定申请的提交材料

（1）工伤认定申请表。

（2）与用人单位存在劳动关系（包括事实劳动关系）的证明材料。

（3）医疗诊断证明或者职业病诊断证明书（或者职业病诊断鉴定书）。

5. 享受工伤医疗待遇的情况

（1）在停工留薪期内，原工资福利待遇不变，由所在单位按月支付。

（2）停工留薪期一般不超过 12 个月。伤情严重或者情况特殊，经设区的市级劳动能力鉴定委员会确认，可以适当延长，但延长期不得超过 12 个月。工伤职工评定伤残等级后，停发原待遇，按照本章的有关规定享受伤残待遇。工伤测量放线工在停工留薪期满后仍需治疗的，继续享受工伤医疗待遇。

（3）生活不能自理的工伤测量放线工在停工留薪期需要护理的，由所在单位负责。

6. 停止享受工伤医疗待遇的情况

工伤测量放线工有下列情形之一的，停止享受工伤保险待遇。

（1）丧失享受待遇条件的。

（2）拒不接受劳动能力鉴定的。

（3）拒绝治疗的。

十三、《女职工劳动保护特别规定》

1. 女职工怀孕期间的待遇

（1）用人单位不得在女职工怀孕期、产期、哺乳期降低其基本工资，或者解除劳动合同。

（2）女职工在怀孕期间，所在单位不得安排其从事高空、低温、冷水和国家规定的第三级体力劳动强度的劳动。

（3）女职工在怀孕期间，所在单位不得安排其从事国家规定的第三级体力劳动强度的劳动和孕期禁忌从事的劳动，不得在正常劳动日以外延长劳动时间；对不能胜任原劳动的，应当根据医务部门的证明，予以减轻劳动量或者安排其他劳动。怀孕 7 个月以上（含 7 个月）的女职工，一般不得安排其从事夜班劳动；在劳动时间内应当安排一定的休息时间。怀孕的女职工，在劳动时间内进行产前检查，应当算作劳动时间。

2. 产假的天数

女职工产假为 98 天，其中产前休假 15 天。难产的，增加产假 15 天。多胞胎生育的，每多生育 1 个婴儿，增加产假 15 天。女职工怀孕流产的，其所在单位应当根据医务部门的证明，给予一定时间的产假。

>>> 第二节　测量放线工涉及规范 <<<

测量放线工涉及的规范如下。

《工程测量规范》（GB 50026—2007）。

《国家一、二等水准测量规范》（GB/T 12897—2006）。

《国家三、四等水准测量规范》（GB/T 12898—2009）。

《建筑变形测量规范》（JGJ 8—2016）。

《直线度误差检测》（GB/T 11336—2004）。

《平面度误差检测》（GB/T 11337—2004）。

《精密工程测量规范》（GB/T 15314—1994）。

《CAD 工程制图规则》（GB/T 18229—2000）。

《道路工程制图标准》（GB 50162—1992）。

《水准仪》（GB/T 10156—2009）。

《光学经纬仪》（GB/T 3161—2015）。

《全站仪》（GB/T 27663—2011）。

《全球定位系统（GPS）测量规范》（GB/T 18314—2009）。

《全球定位系统（GPS）术语及定义》（GB/T 19391—2003）。

《国家基本比例尺地形图分幅和编号》（GB/T 13989—2012）。

《城市轨道交通工程测量规范》（GB 50308—2017）。

《工程测量基本术语标准》（GB/T 50228—2011）。

第二章

测量放线工岗位要求

》》第一节　测量放线工资格考试的申报《《

一、测量放线工职业资格

1. 概念

国家职业资格证书是表明劳动者具有从事某一职业所必备的学识和技能的证明，是劳动者求职、任职、开业的资格凭证，是用人单位招聘、录用劳动者的主要依据。推行职业资格证书制度是提高劳动者素质的重要措施。"就业靠竞争，上岗凭技能"的观念已逐步深入人心。全国每年有 500 多万人参加近千种职业的职业资格考核，累计已有 3 500 万人取得了相应的职业资格证书。

职业资格证书是从事测量放线工职业技能水平的资格凭证，是用人单位录用、使用和确定工资待遇的依据，也是我国公民境外就业、输出劳务法律公正的有效证件（该证书可全国通用，无须年审，终身有效）。

2. 分级

测量放线工职业资格等级共分为 5 级：初级（国家五级）、中级（国家四级）、高级（国家三级）、技师（国家二级）、高级技师（国家一级）。

二、报考初级测量放线工应具备的条件

具备下列条件之一的，可申请报考初级工：在同一职业（工种）连续工作 2 年以上或累计工作 4 年以上的；职业学校中专、

职中、技校的毕业生。

三、报考中级测量放线工应具备的条件

具备下列条件之一的,可申请报考中级工:取得所申报职业(工种)的初级工等级证书满 3 年;取得所申报职业(工种)的初级工等级证书并经过中级工培训结业;高等院校、中等专业学校毕业并从事与所学专业相应的职业(工种)工作。

四、报考高级测量放线工应具备的条件

具备下列条件之一的,可申请报考高级工:取得所申报职业(工种)的中级工等级证书满 4 年;取得所申报职业(工种)的中级工等级证书并经过高级工培训结业;高等院校毕业并取得所申报职业(工种)的中级工等级证书。

≫ 第二节　测量放线工考试的考点 ≪

一、测量放线工考试知识考点

一是制图基础和房屋构造知识。

二是投影的概念。

三是测量仪器知识。

四是水准测量和设计标高的测量方法。

五是角度的测量测设及钢尺量距的方法。

六是建筑物的定位放线方法。

七是本职业安全技术操作规程、施工验收规范和质量评定标准。

二、测量放线工考试操作考点

一是测纤、标纤、水准尺、尺垫、各种卷尺及弹簧秤的使用及保养。

二是常用测量手势、信号和旗语。

三是用钢尺测量、测设水平距离及测设 90°平面角。

四是安置水准仪、一次精密定平、抄水平线。

五是安置经纬仪，标测直线，延长直线和竖向投测。

六是打桩定点，埋设施工用半永久性测量标志，做桩位的点标记、设置龙门板、线锤吊线、撒灰线和弹墨线。

七是建筑的定位、放线。

》》 第三节　测量放线工的工作考核 《《

一、初级测量放线工的工作考核

初级测量放线工的工作考核，见表 2-1。

表 2-1　初级测量放线工的工作要求

项目	考核范围	考核内容
基本知识	制图基本知识	1. 建筑制图的基本知识 2. 投影概念
	建筑工程施工图知识	1. 建筑工程施工图的作用和基本知识 2. 看懂部分施工图 3. 能校核小型、简单建筑物平、立、剖面图的关系及尺寸
	房屋构造的基本知识	1. 民用建筑的分类、构造组成 2. 民用建筑中常用的技术名词 3. 工业建筑构造简介 4. 一般建筑工程施工程序及对测量放线的基本要求，与有关工种的工作关系
专业知识	建筑施工测量	1. 建筑施工测量的基本内容、程序及作用 2. 测量工作的基本原则 3. 常用数学、物理名词的概念 4. 常用技术名词的含义

项目	考核范围	考核内容
专业知识	测量仪器知识	1. 普通水准仪的基本性能、用途及保养知识 2. 水准标尺与尺垫的作用 3. 普通经纬仪的基本性能、用途及保养知识
	水准测量和设计标高的测量	1. 水准测量的原理、操作程序 2. 短距离水准引测的操作程序 3. 设计标高的测设与抄水平线、设水平桩 4. 方格网法平整场地的施测程序
	角度的测量测设与钢尺量距	1. 角度测量概念及操作程序 2. 水平角测设的操作程序 3. 角度测量和测设中的注意事项 4. 钢尺量距常用的工具及使用知识 5. 钢尺量距的一般方法及较精确方法 6. 钢尺测设水平距离的注意事项
	建筑物的定位放线	1. 施测前的准备工作 2. 建筑物定位方法 3. 建筑物放线 4. 基础工程施工测量 5. 墙体工程施工测量
相关知识	—	本职业安全技术操作规程、施工验收规范和质量评定标准
操作技能	—	1. 测纤、标纤、水准尺、尺垫、各种卷尺及弹簧秤的使用及保养 2. 常用测量手势、信号和旗语，配合测量默契 3. 用钢尺测量、测设水平距离及测设 90°平面角 4. 安置水准仪（定平园水准）、一次精密定平，抄水平线。设水平桩和皮数杆，简单方法平整场地的施测和短距离水准点的引测，扶水准尺的要点和转点的选择 5. 安置经纬仪（对中、定平），标测直线，延长直线和竖向投测 6. 妥善保管，安全搬运测量仪器及测具 7. 打桩定点，埋设施工用半永久性测量标志，做桩位的点标记、设置龙门板、线锤吊线、撒灰线和弹墨线 8. 进行小型、简单建筑的定位、放线

项目	考核范围	考核内容
工具、设备的使用与维护	工具的使用与维护	合理使用常用工具和专用工具，并做好维护保养工作
	仪器的使用与维护	正确选用操作测量仪器，做好维护保养工作
安全及其它	安全文明生产	正确执行本职业安全技术操作规程

二、中级测量放线工的工作考核

中级测量放线工的工作考核，见表 2-2。

表 2-2　中级测量放线工的工作考核要求

项目	考核范围	考核内容
基本知识	制图基本知识	1. 建筑制图的基本知识 2. 投影与正投影的概念及基本性质
	建筑识图	1. 建筑施工图的基本知识及阅读方法和步骤 2. 阅读总平面图的方法和步骤。熟悉与测量放线有关图纸的阅读，房屋的组成部分及施工程序
专业知识	大比例尺地形图的识读与使用	掌握大比例尺地形图的识读方法与使用方法，能应用大比例尺地形图进行有关计算
	普通水准仪的操作与检校方法	1. 熟悉普通水准仪的构造、轴线关系、操作方法 2. 普通水准仪的检验与校正的方法和步骤
	普通经纬仪的操作方法与检校方法	1. 普通经纬仪的构造、轴线关系观测程序 2. 水平角、竖直角观测原理与方法及有关计算与记录 3. 普通经纬仪的检验原理、方法及校正的方法和步骤
	水准点的行测与平整场地的施测和土方计算	1. 水准点的行测方法与要求 2. 场地平整的测量方法及土方计算方法

项目	考核范围	考核内容
专业知识	普通水准仪进行沉降观测	1. 水准点及观测点的布设要求 2. 观测的方法与要点及观测周期 3. 根据原始数据进行观测成果整理
	测量内业计算的数学知识及函数型计算器的使用	1. 测量内业计算的数学知识及内业计算要点 2. 函数型计算器的使用方法
	电磁波测距和激光在建筑施工测量中的应用	红外测距仪，激光经纬仪的性能与使用方法
	垂准仪及其在施工测量中的应用	垂准仪的性能、特点、使用方法
	钢尺丈量与测设水平距离的精确方法	1. 钢尺丈量与测设的精确方法及各项改正方法 2. 钢尺丈量的误差来源，钢尺的检定及丈量成果整理
	经纬仪在两点间投测方向点	直角坐标法，极坐标法，方向线交会法测设点位的方法
	建筑场地的坐标换算与定位计算	1. 运用公式进行建筑坐标系和测量坐标系、直角坐标和极坐标的换算 2. 角角交会法和距离交会法的定位计算
	建筑场地的施工控制测量	1. 掌握建筑物基线的布设及方格网的布设 2. 施工场地的高程控制网的布设
	误差理论知识	测量误差的来源，分类及性质。施工测量的各种报差，施测中对量距、水准、测角的精度要求以及产生误差的主要原因和消减方法
相关知识	班组管理知识	1. 班组管理的特点、内容、施工计划管理 2. 班组质量、安全、料具、劳动的管理
	施工放线方案编制知识	一般工程施工放线方案编制知识

职业技能培训教材·建筑工程系列

测量放线工

（续表）

项目	考核范围	考核内容
操作技能	普通测量仪器的使用	普通水准仪和经纬仪的操作、检校要熟练掌握
	水准点的引测平整场地施测及土方计算	1. 根据施工需要引测水准点抄平 2. 场地平整测量及土方计算
	经纬仪在两点间的投测方向	1. 用经纬仪进行两点间的方向投测 2. 用直角坐标法，极坐标法和交会法测量或测设点位
	用普通水准仪进行沉降观测	1. 水准点和观测点的布设 2. 观测方法及观测成果整理
	建筑场地上的施工测量及地下拆迁物的测定	根据场地地形图或控制点进行场地布置和地下拆迁物的测定
	建筑红线桩坐标换算与核测	根据红线桩的坐标校核其边卡、夹角是否对应，并实地进行检测
	根据红线桩或测量控制点测设场地控制网成主轴线	掌握由已知控制点测设控制网成主轴线的方法
	建筑物的定位放线	1. 按平面控制网进行定位放线 2. 按地物相对关系进行定位 3. 熟练掌握从基础到各施工层的弹线方法
	皮数杆的绘制和使用	1. 能绘制皮数杆 2. 使用方法及要点
	构件吊装测量	1. 工业建筑与民用建筑预制构件的吊装测设 2. 建筑物的竖向控制及标高传递方法
	施工现场线路测设	1. 场地内道路与地下，架空管线的定线方法 2. 纵断面测量及绘制纵断面图 3. 坡度测设方法
	圆曲线的计算与测设	1. 曲线主点测设及各要素的计算 2. 圆曲线的详细测设

(续表)

项目	考核范围	考核内容
操作技能	建筑物地控制网的布设	1. 布设施工控制网的方法 2. 测绘各种施工平面图 3. 制定施工放线方案及组织的测设
工具、设备的使用及维护	工具的使用与维护	合理使用常用工具和专用工具，并做好维护与保养工作
	仪器的使用与维护	了解仪器构造，正确选用操作测量仪器，做好维护保养工作
安全及其他	安全文明生产	正确执行安全技术操作规程

三、高级测量放线工的工作考核

高级测量放线工的工作考核，见表 2-3。

表 2-3　高级测量放线工的工作考核

项目	考核范围	考核内容
基础知识	工程识图	1. 地形图的应用 2. 施工图的内容及识读
	工程构造	1. 建筑构造的基本知识 2. 市政工程的基本知识
	工程测量的基本知识	1. 工程测量的基本知识 2. 地面点位的确定
	测量误差的基本理论知识	1. 误差传播定律 2. 误差理论的应用
专业知识	测量仪器的构造、使用及检校保养	1. 测量仪器的构造及检校 2. 测量仪器的使用及保养
	测设工作的基本方法及施工测量前的准备工作	1. 点位、曲线、建筑物测设 2. 图纸校核、点位校核

职业技能培训教材·建筑工程系列

测量放线工

项目	考核范围	考核内容
专业知识	施工测量	1. 控制测量 2. 施工测量
	变形观测	1. 沉降观测 2. 倾斜观测
	地形图测绘	1. 导线测量 2. 地形图测绘
相关知识	高新技术在施工测量中的应用	1. 全站仪使用 2. GPS 在工程中的应用
	施工测量的法规和管理工作、安全操作及劳动保护	1. 施工测量法规、技术标准 2. 施工管理和安全操作
工程定位与检测	仪器检校	1. 各种测量仪器的检验 2. 仪器校正
	点位测定	1. 交会法定位、导线测量 2. 点位计算
	点位校核	1. 施工图校核 2. 水准点、红线桩等校核
施工控制、四等水准测量	水平控制网测设	1. 施工控制网测设的数据计算 2. 施工控制网测设
	四等水准测量	1. 四等水准测量的实施 2. 水准测量计算
	变形观测	1. 沉降观测 2. 倾斜观测

（续表）

项目	考核范围	考核内容
放线方案制定与实施	曲线测设	1. 各种曲线放线数据计算 2. 曲线测设
	放线方案编制	1. 放线方案编制 2. 放线数据准备
	高程传递与轴线投测	1. 高程传递 2. 轴线投测

》》 第四节　建筑工人素质要求 《《

　　建设工程技术人员的职业道德规范，与其他岗位相比更具有独特的内容和要求，这是由建设施工企业所生产创造的产品特点决定的。建设企业的施工行为是开放式的，从开工到竣工，职工的一举一动都对建设的形成产生社会影响。在施工过程中，某道工序、某项材料、某个部位的质量疏忽，会直接影响今后整个工程的正常生产。因此，其质量意识必须比其他行业更强，要求更高，且建设施工企业"重合同、守信用"的信誉度比一般行业都高。由此可见，建设行业的特点决定了建设施工企业道德建设的特殊性和严谨性，建设工程技术人员的职责要求也更高。

　　建设工程技术人员职业道德的高低，也包括对岗位责任的表现上，一个职业道德高尚的人，必定也是一个对岗位职责认真履行的人。

一、加强技术人员职业道德建设的重要性

　　建设工程技术人员的职业道德具有与其行业相符的特殊要求，因此其重要性显得尤为突出。在市场经济条件下，企业要在激烈的市场竞争中站稳脚跟，就必须要进行职业道德建设。企业的生存和发展在任何条件下，都需要多找任务、找好任务，最重要的一条，是尽可能地满足业主要求，做到质量优、服务好、信誉高，这样才能在市场上占领更大的份额。职业道德是建设施工

企业参与市场竞争的"入场券"，企业信誉来源于每个职工的技术素质和对施工质量的重视，以及企业职工职业道德的水平。由此可见，企业职工个人的职业道德是企业职业道德的基础，只有职工的道德水平提高了，整个企业的道德水平才能提高，企业才能在市场上赢得赞誉。

二、制定有行业特色的职业道德规范

《中共中央关于加强社会主义精神文明建设若干重要问题的决议》为规范职业道德明确提出了"爱岗敬业、诚实守法、办事公道、服务群众、奉献社会"的二十字方针，这是社会主义企业职业道德规范的总纲。各行各业在制定自己的职业道德规范时，必须要蕴涵有行业的鲜明特色和独有的文化氛围。

建设施工行业作为主要承担建设的单位，有着不同于其他企业的行业特点。因此，建设施工行业制定行业道德规范时，除了"敬业、勤业、精业、乐业"以及岗位规范等内容外，还必须重点突出将质量意识放置首位、弘扬吃苦耐劳精神和集体主义观念、突出廉洁自律意识。

三、加强职业道德的环境建设

营造良好的企业文化氛围，全面提高职工的职业道德水平，对建设行业来说有着非常重要的意义，企业的内部环境直接影响职工的职业道德水平。古人云："近墨者黑，近朱者赤"。营造良好的职业道德氛围可以从加强企业精神文明建设、树立企业先进人物模范、建立企业职工培训机制、大力开展各种创建活动几个方面入手。

四、施工技术人员职业道德规范细则

1. 热爱科技，献身事业

树立"科技是第一生产力"的观念，敬业爱岗，勤奋钻研，追求新知，掌握新技术、新工艺，不断更新业务知识，拓宽视野，忠于职守，辛勤劳动，为企业的振兴与发展贡献自己的力量。

2．深入施工实际现场，勇于攻克难题

深入基层，深入现场，理论和实际相结合，科研和生产相结合，把施工生产中的难点作为工作重点，知难而进，百折不挠，不断解决施工生产中的技术难题，提高生产效率和经济效益。

3．一丝不苟，精益求精

牢固确立精心工作、求实认真的工作作风。施工中严格执行建设技术规范，认真编制施工组织设计，做到技术上精益求精，工程质量上一丝不苟，为用户提供合格建设产品，积极推广和运用新技术、新工艺、新材料、新设备，大力发展建设高科技，不断提高建设科学技术水平。

4．以身作则，培育新人

谦虚谨慎，尊重他人，善于合作共事，搞好团结协作，既当好科学技术带头人，又甘当铺路石，培育科技事业的接班人，大力做好施工科技知识在职工中的普及工作。

5．严谨求实，坚持真理

培养严谨求实，坚持真理的优良品德，在参与可行性研究时，坚持真理，实事求是，协助领导科学地决策；在参与投标时，从企业实际出发，以合理造价和合理工期进行投标；在施工中严格执行施工程序、技术规范、操作规程和质量安全标准。

第三章

测量放线常用的仪器工具

>>> 第一节　钢卷尺 <<<

一、钢尺及其附件

1. 钢尺

钢尺又称钢卷尺，为了保护钢尺及便于携带，钢尺都是卷放在圆盒内或是绕在架子上，如图 3-1 所示。钢尺是用薄钢带制成，尺宽 1～1.5 cm，长度有 20 m、30 m、50 m 等几种。有的钢尺全长刻有厘米分划，只在尺端 1 分米内刻有毫米分划；有的钢尺全尺刻有毫米分划。钢尺在每分米及米的分划处均注有数字。

（a）刻线式钢尺　　　　　（b）端点式钢尺

图 3-1　钢尺

由于钢尺的零点位置不同，又分为刻线式与端点式。刻线式钢尺在尺的起始端刻有一细线作为尺的零点。端点式钢尺是以钢尺的外端点为零点。使用钢尺前应先看清分划注记，确认零点位置后再使用。

精密的钢尺制造时有规定的温度和拉力，如在尺端标有 30 m、20℃、10 kg 的字样，则表明在规定的标准温度和拉力条件下，该钢尺的标准长度是 30 m。钢尺一般用于精度较高的距离测量工作。由于钢尺较薄，性脆易折，应防止结扣和车轮碾压。

钢尺受潮易生锈，应设有相应的防潮措施。

2. 测钎

测钎一般由长 25~35 mm、直径 3~4 mm 粗的钢丝制成，如图 3-2 所示，一端卷成小圆环，便于套在另一铁环内，以 6 根或 11 根为 1 串；另一端磨削成尖锥状，便于插入地下。测钎主要用来标定整尺端点位置和计算丈量的整尺数。

3. 标杆

标杆又称花杆，标杆多数用圆木杆制成，亦有金属的圆杆。全长 2~3 m，杆上涂红、白相间的两色油漆，间隔长为 20 cm，如图 3-3 所示。杆的下端有铁制的尖脚，以便插入地中。标杆是一种简单的测量照准标志，用于直线定线和投点。

图 3-2　测钎　　　　　图 3-3　标杆

4. 垂球

垂球也称线垂，为铁制圆锥状。距离丈量时利用其吊线为铅垂线之特性，用于铅垂投递点位及对点、标点，如图 3-4 所示。此外，在精密丈量距离时，还应用到温度计、弹簧秤等工具。

二、钢尺的检定

1. 尺长方程式

钢尺由于其制造误差、经常使用中的变形以及丈量时温度和拉力不同的影响，使得其实际长度往往不等于

图 3-4　垂球

名义长度。丈量之前必须对钢尺进行检定，求出它在标准拉力和标准温度下的实际长度，以便对丈量结果加以改正。

尺长方程式的一般形式为：

$$l_t = l_0 + \Delta L + \alpha l_0 (t - t_0)$$

式中：l_t——钢尺在温度 t℃时的实际长度；

l_0——钢尺的名义长度；

ΔL——尺长改正数，即钢尺在温度 t℃时的改正数，等于实际长度减名义长度；

α——钢尺的线膨胀系数，其值取为 $1.25 \times 10^{-5}/$℃；

t_0——钢尺检定时的标准温度（20℃）；

t——钢尺使用时的温度。

2. 尺长检定方法

钢尺应送设有比长台的测绘单位检定，但若有检定过的钢尺，在精度要求不高时，可用检定过的钢尺作为标准尺来检定其他钢尺。在地面上贴两张绘有十字标志的图纸，使其间距约为一整尺长。用标准尺施加标准拉力丈量这两个标志之间的距离，并修正端点使该距离等于标准尺的长度。然后再将被检定的钢尺施加标准拉力丈量该两标志间的距离。取多次丈量结果的平均值作为被检定钢尺的实际长度，从而求得尺长方程式。

应该注意的是参用的标尺与被检定的钢尺膨胀系数应相同，另外，检定宜选在阴天或背阴的地方，气温与钢尺温度基本一致。

三、钢尺量距的一般方法

1. 定点

为了测量两点间的水平距离，需要将点的位置用明确的标志固定。使用时间较短的临时性标志一般用木桩，在钉入地面的木桩顶面钉一个小钉，表示点的精确位置。需要长期保存的永久性标志用石桩或混凝土桩，在顶面画十字线，以交点表示为点的精确位置。为了使观测者能从远处看到点位标志，可在桩顶的标志中心竖立标杆、测钎或悬吊垂球等。

2. 直线定线

在距离丈量的过程中，当地面上两点之间距离较远，不能用一尺段量完，就需要在两点所确定的直线方向上标定若干中间点。使这些中间点位于同一直线上的工作称为直线定线。一般量距用目视定线，方法和过程如下：

如图 3-5 所示，A、B 两点为待测距离的 2 个端点，在 A、B 点上竖立标杆，甲站立在 A 点后 1～2 m 处，由 A 瞄向 B，使视线与标杆边缘相切，甲指挥乙持标杆左右移动，直到 A、2、B 三标杆在一条直线上，将标杆竖直地插入地下。直线定线应由远而近，即先定点 1，再定点 2。

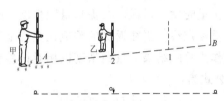

图 3-5　两直线间目估定线

3. 量距

（1）平坦地面的量距。如图 3-6 所示，要测定 A、B 两点之间的水平距离，应先在 A、B 处竖立标杆，作为丈量时定线的依据，待清除直线上的障碍物后，即可开始丈量。

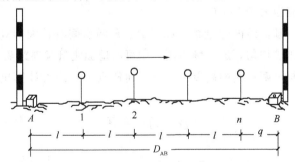

图 3-6　平坦地面量矩

丈量工作一般由两人进行，后尺手持尺的零端位于 A 点，前尺手持尺的末端并携带一组测钎（5～10 根），沿 A 向 B 方向前进，行至一尺段处停下。后尺手以尺的零点对准 A 点；待两人同时把钢尺拉紧、拉平和拉稳后，前尺手在尺的末端刻线处垂直地插一测钎，得到点 1，这样便量完了一个尺段。如此反复丈量下去，直至最后不足一整尺段的长度，称之为余长，如图 3-6 所示中的 nB 段；丈量余长时，前尺手将尺上某一整数分划对准 B 点，由后尺手对准 n 点，在尺上读出读数，两数相减，即可求得不足一尺段的余长，则 A、B 两点之间的水平距离为：

$$D_{AB} = nl + q$$

式中：n——尺段数；

l——钢尺长度；

q——不足一整尺段的余长。

为了防止丈量时发生错误以及提高量距精度，距离要往返测量，返测时要重新定线。当往返测的差值在允许范围内时，取往返测的平均值作为量距结果。量距精度以相对误差表示，并将分子化为 1，其公式为：

$$K = \frac{\mid D_{往} - D_{返} \mid}{D_{平均}}$$

当量距的相对误差小于或等于相对误差的容许值时，可取往、返量距的平均值作为最终结果。在平坦测区，钢尺一般量距的相对误差一般要优于 1/3 000，在量距困难测区，其相对中误差也不应当大于 1/1 000。

（2）倾斜地面的量距。如果 A、B 两点间有较大的高差，地面坡度比较均匀，成一倾斜面，则可沿地面丈量倾斜距离 D'，用水准仪测定两点间的高差 h，按下列任意一式即可计算出水平距离 D：

$$D = \sqrt{D'^2 - h^2}$$

或：

$$D = D' + \Delta D_h = D' - \frac{h^2}{2D'}$$

式中：ΔD_h——量距时的高差改正数（或称倾斜改正数）。

（3）高低不平地面的量距。当地面高低不平时，为量出水平距离，前、后尺手应同时抬高并拉紧钢尺，使尺悬空并水平（如为整尺段时则中间应有一人托尺），同时用垂球把钢尺两个端点投影到地面上，用测钎等做出标记，如图 3-7（a）所示，分别量出各段水平距离 l_i，取其总和，得到 A、B 两点间的水平距离 D，此种方法称为水平钢尺法量距。当地面高低不平并向一个方向倾斜时，可抬高钢尺的一端，在抬高的一端用垂球投影，如图 3-7（b）所示。

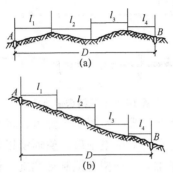

图 3-7　水平钢尺法测量高低不平地面距离（垂球）

4. 成果计算

钢尺量距一般方法的记录、计算及精度评定，见表 3-1。

表 3-1　钢尺一般量距记录及成果计算

线段	尺长 /m	往测			返测			往返差/m	相对精度	往返平均差/m
		尺段数	余长/m	总长/m	尺段数	余长/m	总长/m			
AB	30	6	23.188	203.188	6	23.152	203.152	0.036	1/5 600	203.170
BC	50	3	41.841	191.841	3	41.873	191.873	0.032	1/6 000	191.857
…	…	…	…	…	…	…	…	…	…	…

四、钢尺量距的精密方法

1. 定线

（1）经纬仪在两点间定线，如图 3-8 所示，在 AB 线内精确定出 1、2 等点的位置。将经纬仪安置于 B 点，用望远镜照准 A 点，固定照准部制动螺旋；将望远镜向下俯视，指挥移动标杆与十字丝竖丝重合，在标杆位置处打下木桩，顶部钉上镀锌薄钢片；根据十字丝在镀锌薄钢片上画出纵横垂直的十字线，纵向线为 AB 方向，横向线为读尺指标，交点即为 1 点。

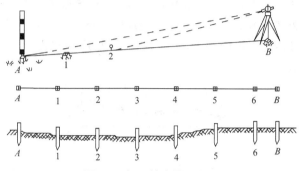

图 3-8　钢尺精密量距定线

（2）经纬仪延长直线，如图 3-9 所示。将直线 AB 延长至 C 点，经纬仪置于 B 点，对中整平后，望远镜以盘左位置用竖丝瞄准 A 点，制动照准部，松开望远镜制动螺旋，倒转望远镜，用竖丝定出 C 点。望远镜再以盘右位置瞄准 A 点，制动照准部，倒转望远镜定出 C'' 点，取 $C'C''$ 的中点，即为精确位于 AB 直线延长线上的 C 点。这种延长直线的方法称为经纬仪正倒镜分中法，用正倒镜分中法可消除经纬仪可能存在的视准轴误差与横轴不水平误差对延长直线的影响。

图 3-9　经纬仪延长直线

2. 量距

用检定过的钢尺精密丈量 AB 点间的距离。丈量组应由 5 人组成，2 人拉尺，2 人读数，1 人记录和读温度。丈量时，拉伸钢尺置于相邻两木桩顶上，使钢尺有刻画线的一侧贴切十字线，后尺手将弹簧秤挂在尺的零端，以便施加钢尺检定时的标准拉力。钢尺贴着桩顶拉紧，后读尺员看到拉力计读数为标准拉力时喊"预备"口号，当前尺手看到尺上某一整分划对准十字线的横线时喊"好"。此时，两读数员在两端同时读取钢尺读数，后尺读数估读到 0.5 mm 记入手簿，并计算尺段长度。前、后移动钢尺

2～3 cm，用同法再次丈量，每一尺段读三组数，由三组读数算得的长度差的绝对值应小于 3 mm，否则应重新量。如在限差之内，取三次结果的平均值，作为该尺段的观测结果。每一尺段应记温度一次，估读至 0.5℃。如此反复丈量至终点，即完成一次往测。完成往测后，应立即返测。每条直线所需丈量的往返次数视量距的精度要求而定，具体可参考有关的测量规范。

3. 测量桩顶间高差

上述所量的距离，是相邻桩顶点间的倾斜距离，为换算成水平距离，需用水准测量的方法测出各桩顶间的高差，以便进行倾斜改正。水准测量宜在量距前或量距后往、返观测一次，以便检核。相邻两桩顶往、返所测高差之差，一般不得超过 ±10 mm，如在限差以内，应取其平均值作为观测的成果。

4. 成果计算

（1）尺长改正。由于钢尺的名义长度与实际长度不一致，丈量时就会产生误差。钢尺在标准拉力、温度下的实际长度为 l，与钢尺的名义长度 l_0 的差数 Δl 即为整尺段的尺长改正数 $\Delta l = l - l_0$，则有：

每量 1 m 的尺长改正为：

$$\Delta l_{\text{米}} = \frac{l - l_0}{l_0}$$

丈量 D 距离的尺长改正为：

$$\Delta l_D = \frac{l - l_0}{l_0} D$$

（2）温度改正。设钢尺在检定时的温度为 $l0$，丈量时的温度为 t，钢尺的线膨胀系数为 α，则丈量一个尺段 Z 的温度改正数 Δl_t 为：

$$\Delta l_t = \alpha(t - t_0) l$$

式中：Δl_t——尺段的温度改正数；其他符号意义同上所述。

（3）倾斜改正，如图 3-10 所示。设 l 为量出的斜距，h 为尺段两端点间

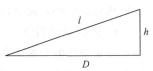

图 3-10 尺段倾斜改正

的高差，将 l 改正成水平距离 D，故要加倾斜改正数 Δl_h，则有：

$$\Delta l_h = \frac{h^2}{2l}$$

（4）全长的计算。将各个改正后的尺段长和余长加起来，便可得到 AB 距离的全长。

五、钢尺量距误差的校正

1. 钢尺误差

钢尺的名义长度和实际长度不符，则产生尺长误差。尺长误差属系统误差，是累积出来的，所量的距离越长，产生的误差越大。因此新购置的钢尺必须经过检定，以得出尺长改正数。

2. 钢尺倾斜误差

由于地面高低不平、按水平钢尺法量距时，钢尺因没有处于水平位置或由其自重导致中间下垂成曲线时，都会使所量距离增大。因此丈量时必须注意钢尺水平，必要时可进行垂曲改正。

3. 定线误差

由于丈量时钢尺没有准确地放在所量距离的直线方向上，使所量距离不是直线而是折线，因而使丈量结果偏大，这种误差称为定线误差。一般丈量时，要求定线偏差不大于 0.1 m，可用标杆目估定线；当直线较长或精度要求较高时，应用经纬仪定线。

4. 拉力变化的误差

钢尺在丈量时所受拉力应与检定时的拉力相同，一般量距中只要保持拉力均匀即可，而对较精密的丈量工作则需使用弹簧秤。

5. 丈量误差

丈量时用测钎在地面上标志尺端点位置时插入测钎不准，前、后尺手配合不当，余长读数不准确，都会引起丈量误差，这种误差对丈量结果的影响可正可负，大小不定。因此，在丈量中应做到对点准确，配合协调，认真读数。

6. 外界影响因素

外界条件的影响主要是温度的影响，钢尺的长度随温度的变化而变化，当丈量时的温度和标准温度不一致时，将导致钢尺长度的变化。按照钢的膨胀系数计算，温度每变化 1℃，就会产生

1/80 000 尺长的误差。一般量距温度变化小于 10℃时可不加改正；当精密量距时须考虑温度改正。

》》 第二节　水准仪 《《

一、微倾式水准仪

通常使用水准仪进行水准测量，其辅助工具包括水准尺和尺垫。水准仪按其精度等级可分为 $DS_{0.5}$、DS_1、DS_3、DS_{10}四种等级，其中 D 和 S 分别为"大地测量"和"水准仪"的汉语拼音第一个字母，下标数字表示仪器的精度等级。如 $DS_{0.5}$型水准仪的"0.5"表示该仪器每千米往返测量高差中数的偶然中误差为 ± 0.5 mm。$DS_{0.5}$、DS_1级为精密水准仪，用于国家一等、二等水准测量；DS_3、DS_{10}级为普通水准仪，常用于国家三等、四等水准测量或等外水准测量。表 3-2 中列出了不同精度级别水准仪的用途。

表 3-2　水准仪分级及主要用途

水准仪系列型号	DS_{05}	DS_1	DS_3	DS_{10}
每千米往返测高差中数偶然中误差/mm	$\leqslant \pm 0.5$	$\leqslant \pm 1$	$\leqslant \pm 3$	$\leqslant \pm 10$
主要用途	国家一等水准测量及地震监测	国家二等水准测量及其他精密水准测量	国家三等、四等水准测量及一般工程水准测量	一般工程水准测量

二、DS₃ 级水准仪及组件

1. DS₃ 级水准仪

工程测量中一般常使用 DS₃ 级水准仪，其外形及各部件名称如图 3-11 所示，主要由望远镜、水准器、基座三大部分组成。

(1) 望远镜。水准仪的望远镜用于瞄准水准尺并进行读数，望远镜由物镜、调焦透镜、十字分划板、目镜等组成。物镜、调焦透镜、目镜为复合透镜组，分别安装在镜筒内部，并与光轴组成一个等效光学系统，如图3-12（a）所示。

十字丝分划板是安装在目镜筒内的一块光学玻璃板，上面刻有相互垂直的细线，称为十字丝。中间一条横线称为中横丝或中丝，上、下对称平行中丝的短线称为上丝和下丝，统称视距丝，用来测量距离。竖向的线称竖丝或纵丝，如图3-12（b）所示。十字丝分划板压装在分划板环座上，通过校正螺钉套装在目镜筒

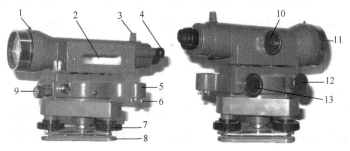

图 3-11　DS₃级水准仪

1—准星；2—水准管；3—缺口；4—目镜调焦螺旋；5—圆水准器；

6—圆水准器校正螺钉；7—脚螺旋；8—底板；9—水平制动螺旋；

10—物镜对光螺旋；11—物镜；12—水平微动螺旋；13—微倾螺旋

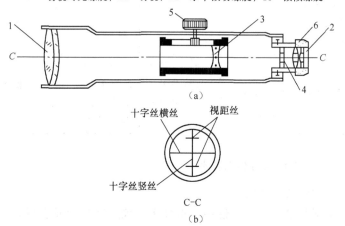

（a）

十字丝横丝　视距丝

十字丝竖丝

C–C

（b）

图 3-12　望远镜的构造

1—物镜；2—目镜；3—物镜调焦透镜；

4—十字丝分划板；5—物镜调焦螺旋；6—目镜调焦螺旋

内，位于目镜与调焦透镜之间。十字丝是照准目标和读数的标志。物镜光心与十字丝交点的连线，称望远镜视准轴，用 CC 表示，为望远镜照准线。

根据几何光学原理，远处目标 AB 反射的光线，经过物镜及调焦透镜的作用，在十字丝附近成一倒立实像，如图 3-13 所示。由于目标离望远镜的远近不同，通过转动调焦螺旋使调焦透镜在镜筒内前后移动，使 ab 仿佛恰好落在十字丝分划板平面上，再经过目镜的作用，将倒立的实像 ab 和十字丝同时放大，这时倒立的实像成为倒立而放大的虚像 $a'b'$，即为望远镜中观察到目标的影像。现代水准仪在调焦透镜后装有一个正像棱镜（如阿贝棱镜、施莱特棱镜等），通过棱镜反射，看到的目标影像为正像。这种望远镜称为正像望远镜。其放大的虚像 $a'b'$ 对眼睛的张角 β 与 AB 对眼睛的直接张角 α 的比值，称为望远镜的放大率，用 V 表示，即：

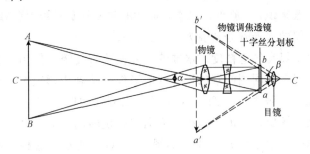

图 3-13　望远镜的成像原理

$$V = \beta/\alpha$$

DS_3 型微倾式水准仪望远镜的放大率一般为 25～30 倍。

（2）管水准器。管水准器由玻璃圆管组成，内壁沿纵向研磨成一定曲率的圆弧玻璃管，管内注入乙醚和乙醇混合液体，两端加热融封后形成一气泡。水准管内表面的中点 O 为零点。过零点相切于内壁圆弧的纵向切线，称为水准管轴，用 LL 表示；如图 3-14 所示。当气泡中心与零点重合时，称为气泡居中。

水准管通常安装在望远镜左侧，以使望远镜视准轴 CC 水平，当水准管气泡居中时，水准管轴处于水平，视准轴同样也处于水

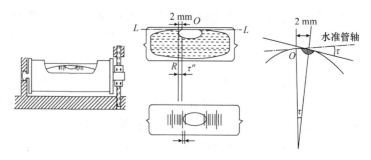

图 3-14　管水准器的构造与分划值

平位置。沿水准管纵向对称于 O 点间隔 2 mm 弧长刻一分划线。两刻线间弧长所对的圆心角，称为水准管的分划值，用 τ 表示。它表示气泡移动一格时，水准管轴倾斜的角度值，即

$$\tau = 2\rho''/R$$

式中：ρ''——一弧度对应的秒值，取值为 206 265″；

　　　R——水准管内壁的曲率半径。

一般来说，τ 愈小，水准管灵敏度和仪器安平精度愈高。DS_3 型水准仪的水准管分划值为 20″/2 mm。

为了提高气泡精度，水准管上方安装有棱镜，如图 3-15（a）所示，将气泡同侧两端的半个气泡影像反映到望远镜旁的观察镜中。气泡不居中时，两端气泡影像错开，如图 3-15（b）所示。转动微倾螺旋，左侧气泡移动方向与螺旋转动方向一致，使气泡影像吻合，表示气泡居中，如图 3-15（c）所示。这种水准器称为符合水准器。

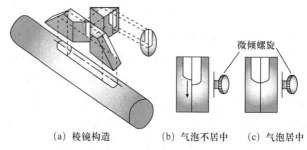

(a) 棱镜构造　　　(b) 气泡不居中　　(c) 气泡居中

图 3-15　符合水准器棱镜系统

（3）圆水准器。圆水准器由玻璃制成，呈圆柱状，如图 3-16

所示，上部的内表面为一个半径为 R 的圆球面，中央刻有一个小圆圈，圆心 O 是圆水准器的零点，通过零点和球心的连线（O 点的法线）LL'，称为圆水准器轴。当气泡居中时，圆水准器轴处于铅垂位置。圆水准器的分划值一般为 $5'/2 \sim 10'/2$ mm，灵敏度较低，只能用于粗略整平。

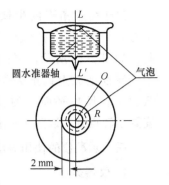

图 3-16　圆水准器结构

（4）基座。水准仪的基座用于固定、支撑望远镜等上部仪器，由轴座、脚螺旋和连接板组成。仪器上部结构通过竖轴插入轴座中，由轴座支承，用三个脚螺旋与连接板连接。整个仪器用中心连接螺旋固定在三脚架上。

2. 水准尺和尺垫

水准尺由干燥的优质木材、玻璃钢或铝合金等材料制成，一般分为直尺和塔尺两种，如图 3-17 所示。

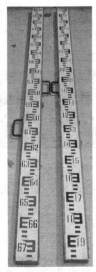

直尺一般用不易变形的干燥优质木材制成，长 3 m，不能够伸缩和折叠，两根为一对，尺的两面均有刻画，其正面为黑色注记，反面为红色注记。常用于三等、四等水准测量。

塔尺一般用玻璃钢、铝合金或优质木材制成。一般由 2～3 节尺段套接而成，全长多为 3 m 或 5 m。塔尺两面起点均为 0，属于单面尺。它携带方便，但尺端接头易损坏，常用于精度要求不高的等外水准测量。

(a) 直尺　　(b) 塔尺
图 3-17　水准尺

尺垫由三角形的生铁铸成，上方中央有一个半球状的突起，下方有 3 个尖脚，如图 3-18 所示，可以安置在任何不平的硬性地面上或把尖脚踩入土中，使其稳定。尺垫平面上的突起用于立尺。安置于转点处，以防止水准尺下沉。

图 3-18　尺垫

三、水准仪的使用方法及步骤

1. 仪器架设

首先打开三脚架，调节架腿至适当的高度，并调整架头使其大致水平，检查脚架伸缩螺旋是否拧紧。然后将水准仪置于三脚架头上。注意，需要一手扶住仪器，另一手用中心连接螺旋将仪器牢固地连接在三脚架上，以防仪器从架头滑落。

2. 粗略整平

先将脚架的两架脚踏实，操纵另一架脚左右、前后缓缓移动，使圆水准气泡基本居中，再将此架脚踏实，然后调节脚螺旋使气泡完全居中。调节脚螺旋的方法如图 3-19 所示。在整平过程中，气泡移动的方向与左手（右手）大拇指转动方向一致（相反）。有时要按上述方法反复调整脚螺旋，才能使气泡完全居中。

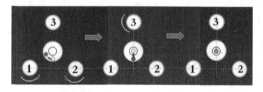

图 3-19　圆水准气泡整平

粗略整平的目的是使用仪器脚螺旋将圆水准器气泡调节到居中位置，借助圆水准器的气泡居中，使仪器竖轴大致铅直，视准轴粗略水平。

3. 瞄准水准尺

（1）目镜对光。将望远镜对着明亮背景，转动目镜调焦螺旋使十字丝成像清晰。

（2）粗略照准。松开制动螺旋，转动望远镜，用望远镜筒上部的准星和照门大致对准水准尺后，拧紧制动螺旋。

（3）精确照准。从望远镜内观察目标，调节物镜调焦螺旋，使水准尺成像清晰。最后用微动螺旋转动望远镜，使十字丝竖丝对准水准尺的中间稍偏一点，以便进行读数。

（4）消除视差。在物镜调焦后，当眼睛在目镜端上下稍微移动时，有时会出现十字丝与目标有相对运动的现象，这种现象称为视差。产生视差的原因是目标通过物镜所成的像没有与十字丝平面重合，如图 3-20 所示。由于视差的存在会影响观测结果的准确性，所以必须加以消除。

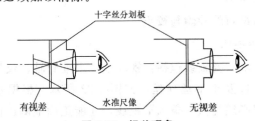

图 3-20　视差现象

消除视差的方法是仔细地反复进行目镜和物镜调焦。直至眼睛上、下移动，读数不变为止。此时，从目镜端所见到十字丝与目标的像都十分清晰。

4. 精确整平与读数

精确整平是在读数前调节微倾螺旋至气泡居中，使得水准仪视准轴得到精确的水平视线。精平时，由于气泡移动的惯性，所以需要轻轻转动微倾螺旋。只有符合气泡两端影像完全吻合且稳定不动，才表示水准仪视准轴处于精确水平位置。

符合水准器气泡居中后，即可读取十字丝中丝在水准尺上的读数。直接读出米、分米和厘米，估读出毫米，如图 3-21 所示。现在的水准仪多采用倒像望远镜，因此读数时应从小到大，即从上往下读。也有正像望远镜，读数与此相反。

在水准测量的实施过程中，通常将精确整平与读数两项操作视为一体。读数后还要检查管水准器气泡是否完全符合，只有这样，才能取得准确的读数。当改变望远镜的方向做另一次观测

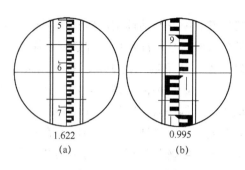

图 3-21　精平后读数实例

（a）1.622　（b）0.995

时，管水准器气泡可能偏离中央，必须再次调节微倾螺旋，使气泡吻合才能读数。

四、水准仪的检验与校正

1.检校条件

水准仪的主要轴线包括：视准轴、水准管轴、仪器竖轴和圆水准器轴，以及十字丝横丝，如图 3-22 所示。根据水准测量原理，水准仪必须提供一条水平视线，才能正确地测出两点间的高差。为此，水准仪各轴线间应满足如下的几何条件。

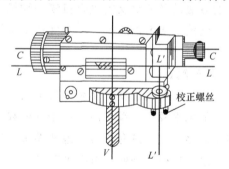

图 3-22　水准仪的主要轴线

（1）水准仪应满足的主要条件。水准管轴应与望远镜的视准轴平行。如不能满足，那么水准管气泡居中后，水准管轴已经水平而视准轴却未水平，则不符合水准测量的基本原理。

望远镜的视准轴不因调焦而变动位置。该条件是为满足第一个条件而提出。当望远镜在调焦时视准轴位置发生变动，就不能设想在不同位置的许多条视线都能够与一条固定不变的水准管轴平行。望远镜调焦在水准测量中是不可避免的,所以必须提出此项要求。

(2)水准仪应满足的次要条件。圆水准器轴应与水准仪的竖轴平行。满足该条件,有利于迅速地放置好仪器,提高作业速度;也就是在圆水准器的气泡居中时,仪器的竖轴已基本处于竖直状态,使仪器旋转至任何位置都易于使水准管的气泡居中。

十字丝的横丝应垂直于仪器的竖轴。此时在读取水准尺上的读数时就不必严格用十字丝的交点,也可以用交点附近的横丝读数。

2. 检校圆水准器轴

(1)检验方法。安置水准仪后,转动脚螺旋使圆水准器气泡居中,如图3-23(a)所示,此时,圆水准器轴处于铅垂。然后将望远镜绕竖轴旋转180°,如气泡仍居中,表示此项条件满足要求,若气泡偏离中心,如图3-23(b)所示,则应进行校正。

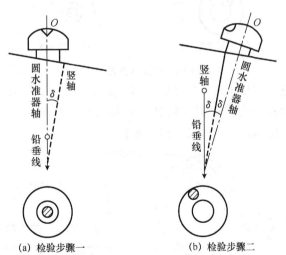

(a)检验步骤一   (b)检验步骤二

图3-23 圆水准器检验方法

检验原理:当圆水准器气泡居中时,圆水准器轴处于铅垂位置;若圆水准器轴与竖轴不平行,则竖轴与铅垂线之间出现倾角δ。当望远镜绕倾斜的竖轴旋转180°后,仪器的竖轴位置并没有改变,而圆水准器轴却转到了竖轴的另一侧。这时,圆水准器轴

与铅垂线夹角为 2δ，则圆水准器气泡偏离零点，其偏离零点的弧长所对的圆心角为 2δ。

（2）校正方法。校正时，用脚螺旋使气泡向零点方向移动偏离长度的一半，这时竖轴处于铅垂位置，如图 3-24（a）所示。然后再用校正针调整圆水准器下面的三个校正螺钉，使气泡居中。这时，圆水准器轴便平行于仪器竖轴，如图 3-24（b）所示。

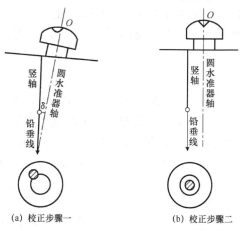

（a）校正步骤一　　　　　　　　（b）校正步骤二

图 3-24　圆水准器校正方法

校正螺钉位于圆水准器的底部，如图 3-25 所示。校正需要反复进行数次，直到仪器旋转到任何位置圆水准器气泡都居中为止，校正完毕后，应拧紧、固紧螺钉。

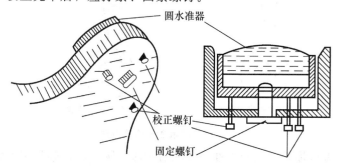

图 3-25　圆水准器校正螺钉

3. 检校十字丝

（1）检验方法。整平仪器后，用十字丝横丝的一端对准一个

清晰固定点 M，如图 3-26（a）所示，然后拧紧制动螺旋，再用微动螺旋，使望远镜缓慢移动，如果 M 点始终在横丝上移动，如图 3-26（b）所示，说明条件满足；若 M 点移动的轨迹离开了横丝，如图 3-26（c）、（d）所示，则需要校正。

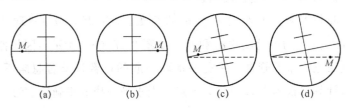

图 3-26　十字丝的检验

（2）校正方法。拧下十字丝护罩，松开十字丝分划板座固定螺钉，微转动十字丝环，使横丝水平，将固定螺钉拧紧，拧上护罩。

4. 检校水准管轴

（1）检验方法。在较为平坦的地面上选择相距 70～80 m 的 A、B 两点，打入木桩或安放尺垫，如图 3-27 所示。将水准仪安置在 A、B 两点的中点 O 处，使得 $OA=OB$。用变仪器高法（或双面尺法）测出 A、B 两点高差，两次测量高差之差小于 3 mm 时，取其平均值 h_{AB} 作为最后结果。

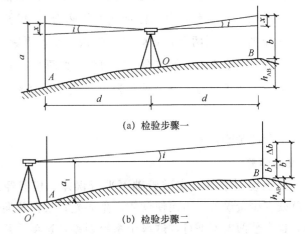

（a）检验步骤一

（b）检验步骤二

图 3-27　水准管轴平行视准轴的检验

由于仪器距 A、B 两点等距离，不论水准管轴是否平行视准轴，在 O 点处测出的高差 h_{AB} 都是正确的高差，如图 3-27（a）所示。由于距离相等，两轴不平行误差 Δ 可在高差计算中自动消除，故高差 h_{AB} 不受视准轴误差的影响。

将仪器搬至距 A 点 2～3 m 的 O' 处，精平后，分别读取 A 点尺和 B 点尺的中丝读数 a_1 和 b_1，如图 3-27（b）所示。因仪器距 A 点很近，水准管轴不平行视准轴引起的读数误差可忽略不计，则可计算出仪器在 O' 处时，B 点尺上水平视线的正确读数为

$$b_1' = a_1 - h_{AB}$$

实际测出的 b' 如果与计算得到的 b_0' 相等，则表明水准管轴平行视准轴；否则，两轴不平行，其夹角为

$$i = \frac{b' - b'_0}{D_{AB}} \rho$$

式中：$\rho = 206\ 265''$。

对于 DS$_3$ 型微倾式水准仪，i 角不得大于 $20''$，否则需要对水准仪进行校正。

（2）校正方法。如图 3-27 所示，仪器在 O' 处，调节微倾螺旋，使中丝在 B 点尺上的中丝读数移到 b_0'，这时视准轴处于水平位置，但水准管气泡不居中（符合气泡不吻合）。用校正针拨动水准管一端的上、下两个校正螺钉，先松一个，再紧另一个，将水准管一端升高或降低，使符合气泡吻合，如图 3-28 所示。再拧紧上、下两个校正螺钉。此项校正要反复进行，直到 i 角小于 $20''$为止。

五、水准测量的误差

1. 仪器误差

（1）望远镜视准轴与水准管轴不平行误差。仪器经过校正后，仍然残存少量误差，因而使读数产生误差；仪器长期使用或受振动，也会使两轴不平行，这属于系统误差，这项误差与仪器至立尺点的距离成正比。只要在测量中，使前、后视距离相等，

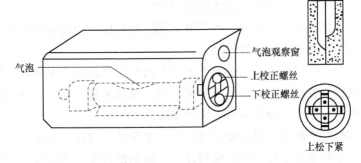

图 3-28　水准管的校正

在高差计算中就可消除或减少该项误差的影响。

（2）水准尺误差。水准尺误差包括尺长误差、分划误差和零点误差。由于水准尺刻划不准确、尺长变化、弯曲等影响，都会影响水准测量的精度。因此，水准尺须经过检验才能使用。至于水准尺的零点误差在成对使用水准尺时，可采取设置偶数测站的方法来消除；也可在前、后视中使用同一根水准尺来消除。

2. 观测误差

（1）整平误差。在水准尺上读数时，水准管轴应处于水平位置，如果精平仪器时，水准管气泡没有精确居中，则水准管轴有一微小倾角，从而引起视准轴倾斜而产生误差。水准管气泡居中误差一般为 $\pm 0.15\tau$（τ 为水准管分划值），采用符合水准器时，气泡居中精度可提高一倍。故由气泡居中误差引起的读数误差为

$$m_\tau = \frac{0.15\tau}{2\rho}D$$

式中：D——水准仪到水准尺的距离。

（2）读数误差。估读毫米数产生的误差，该项误差与人眼分辨能力、望远镜放大率以及视线长度有关。所以要求望远镜的放大倍率在 20 倍以上，视线长度一般不得超过 100 m。通常按下式计算：

$$m_V = \frac{60''}{V} \times \frac{D}{\rho}$$

式中：V——望远镜放大率；

$60''$——人眼能分辨的最小角度。

为保证估读数精度，各等级水准测量对仪器望远镜的放大率和最大视线长都有相应规定。

（3）视差影响。当仪器十字丝平面与水准尺影像不重合，眼睛观察位置的不同而读出不同的读数，这就是视差，视差会直接产生读数误差。操作中应避免出现视差。

（4）水准尺倾斜误差。测量时，水准尺应扶直，若水准尺倾斜，读数会高于尺子竖直时的读数。且视线越高，水准尺倾斜引起的误差就越大。

3. 外界条件影响

（1）仪器下沉。由于测站处土质松软使仪器下沉，视线降低，便会引起高差误差。要减小这种误差，应尽可能地将仪器安置在坚硬的地面处，并将脚架踏实；或加快观测速度，尽量缩短前、后视读数时间差；或采用"后、前、前、后"的观测程序。

（2）转点下沉。仪器搬至下一站尚未读后视读数一段时间内，如果此时转点处尺垫下沉，会使下一站后视读数增大，引起高差误差。所以转点应设置在坚硬的地方并将尺垫踏实，或采取往返观测的方法，取其成果的平均值，可以消减其影响。

（3）地球曲率差的影响。水准测量时，水平视线在尺上的读数 b，理论上应改算为相应水准面截于水准尺的读数 b'，两者的差值 c，称为地球曲率差：

$$c = \frac{D^2}{2R}$$

式中：D——水准仪到水准尺的距离；

R——地球半径，取 6 371 km。

水准测量中，当前、后视距相等时，通过高差计算可消除该误差对高差的影响，如图 3-29 所示。

（4）大气折光影响。因为大气层密度不同，光线发生折射，视线产生弯曲，从而使水准测量产生误差。因而水准测量中，实际上尺的读数不是一水平视线的读数，而是一向下弯曲视线的读数。两者之差称为大气折光差，用 γ 表示。在稳定的气象条件

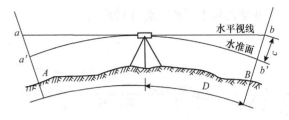

图 3-29　地球曲率差的影响

下，大气折光差约为地球曲率差的 1/7，即

$$\gamma=\frac{1}{7}c=0.07\frac{D^2}{R}$$

水准测量中，当前、后视距相等时，通过高差计算可消除该误差对高差的影响。精密水准测量还应选择良好的观测时间（一般认为在日出后或日落前 2 h 为好），并控制视线高出地面一定距离，以避免视线发生不规则折射引起的误差。

地球曲率差和大气折光差是同时存在的，两者对读数的共同影响可用下式计算：

$$f=c-\gamma=0.43\frac{D^2}{R}$$

（5）温度的影响。温度的变化不仅会引起大气折光变化，造成水准尺影像在望远镜内十字丝面内上、下跳动，难以读数。当烈日直晒仪器时也会影响水准管气泡居中，造成测量误差。因此水准测量时，应撑伞保护仪器，选择有利的观测时间。

六、自动安平水准仪

1. 工作方式

在水准仪望远镜的光学系统中，设置一种小型重力补偿器，以改变光路。圆水准器气泡居中后，视准轴仍存在一个微小倾角 α，使通过物镜光心的水平光线经过补偿器后偏转一个 β 角，仍能通过十字丝交点，这样十字丝交点上读出的水准尺读数，即为视线水平时应该读出的水准尺读数，如图 3-30 所示。若要实现此功能，补偿器必须满足：

$$f\alpha=s\beta=AB$$

式中：f——物镜等效焦距；

s——补偿器到十字丝交点 A 的距离。

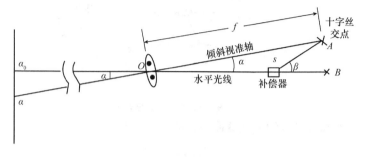

图 3-30　自动安平原理

当视准轴存在一定的倾斜（倾斜角限度为 $\pm 10'$），在十字丝交点 A 处能读到水平视线的读数 a_0，达到了自动安平的目的。

2. 补偿器的结构

补偿器的结构形式较多，一般常用的有两种：一种是悬挂的十字丝板，另一种是悬挂的棱镜组。我国生产的 DSZ$_3$ 型自动安平水准仪是采用悬挂棱镜组借助重力作用达到补偿。

补偿器装在对光透镜和十字丝分划板之间，其结构是将一个屋脊棱镜固定在望远镜筒上，在屋脊棱镜下方用交叉金属丝悬吊着两块直角棱镜。当望远镜有微小倾斜时，直角棱镜在重力的作用下，与望远镜做相反方向的偏转，如图 3-31 所示。空气阻尼器的作用是使悬吊的两块直角棱镜迅速处于静止状态（在 1～2 s 内）。

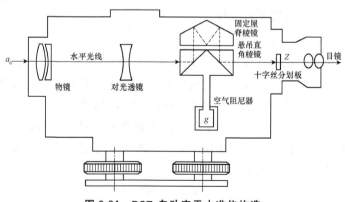

图 3-31　DSZ$_3$ 自动安平水准仪构造

在入射线方向不变的条件下，当反射面旋转一个角度 α 时，反射线将从原来的行进方向偏转 2α 的角度，如图 3-32 所示。补偿器的补偿光路即根据这一光学原理设计的。

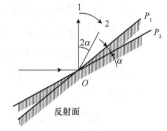

补偿器既要灵敏地反映出望远镜倾斜的变化，又能使视准轴迅速地稳定，便于读数。因此，补偿器通常由补偿元件、灵敏元件、阻尼元件三部分组成。

图 3-32　平面镜全反射原理

3. 使用方法

自动安平水准仪的使用与一般微倾式水准仪的操作方法基本相同，而不同之处为自动安平水准仪不需要"精平"这一项操作。自动安平水准仪仅有圆水准器，因此，安置自动安平水准仪时，只要转动脚螺旋，使圆水准器气泡居中，补偿器即能起自动安平的作用。自动安平水准仪若长期未使用，则在使用前应检查补偿器是否失灵。

七、精密安平水准仪

1. 精密水准仪的组成

精密水准仪的基本构造与普通微倾式水准仪相同，由望远镜、水准器和基座三个部分组成，如图 3-33 所示。

图 3-33　精密水准仪

1—物镜；2—测微螺旋；3—微动螺旋；4—脚螺旋；5—目镜；

6—读数显微镜；7—粗平水准管；8—微倾螺旋

2. 精密水准仪的结构特点

（1）精密水准仪的水准器灵敏度高，因此安平的精度高。

（2）望远镜的光学性能良好，放大率高，观测时成像更清晰，十字丝的中丝刻成楔形，能较精确地瞄准水准尺的分划。

（3）具有光学测微器。能够直接读取水准尺一个分划格（1 cm或0.5 cm）的1/100个单位（0.1 mm或0.05 mm），提高读数精度。

（4）视准轴与水准轴之间的联系相对稳定。精密水准仪采用钢构件进行密封，受温度变化影响小。

（5）配有专用的精密水准尺，采用直伸式三脚架。

3. 精密水准仪的构造原理

精密水准仪较 DS_3 水准仪有更好的光学和结构性能，具有仪器结构坚固、水准管轴与视准轴关系稳定、受温度影响小等特点。

精密水准仪的光学测微器由平行玻璃板、传动杆、测微轮和测微尺组成，如图3-34所示。平行玻璃板装在水准仪物镜前，其转动的轴线与视准轴垂直相交，平行玻璃板与测微分划尺之间用带有齿条的传动杆连接。

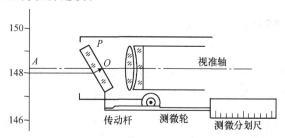

图3-34　光学测微器构造与读数

测微分划尺有100个分格，与水准尺上的分划格（1 cm或0.5 cm）相对应，若水准尺上的分划值为1 cm，则测微分划尺能直接读到0.1 mm。读数原理如图3-34所示，当平板玻璃与水平的视准轴垂直时，视线不受平行玻璃的影响，对准水准尺的 A 处，即读数为148 cm$+a$。为了精确读出 a 的值，需转动测微轮使平行玻璃板倾斜一个小角，视线经平行玻璃板的作用而上、下移动，准确对准水准尺上148 cm分划后，再从读数显微镜中读取 a 值，从而得到水平视线截取水准尺上 A 点的读数。

4. 精密水准仪的操作方法与读数

精密水准仪的操作方法与一般水准仪基本相同，仅读数方法有些差异。在水准仪精平后，即用微倾螺旋调节符合气泡居中（气泡影像在目镜视场内左方），十字丝中丝往往不恰好对准水准尺上某一整分划线，这时就要转动测微轮使视线上、下平行移动，十字丝的楔形丝恰好精确夹住一个整分划线，被夹住的分划线读数为米、分米、厘米。此时视线上下平移的距离则由测微器读数窗中读出毫米。实际读数为全部读数的一半。如图 3-35 所示，从望远镜内直接读出楔形丝夹住的读数为 1.97 m，再在读数显微镜内读出厘米以下的读数为 1.54 mm。水准尺全部读数为 $1.97 + 0.001\,54 = 1.971\,54$（m），但实际读数为 $1.971\,54/2 = 0.985\,77$（m）。

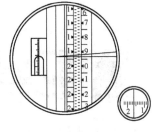

图 3-35　精密水准尺读数

测量时，无须每次将读数除以 2，而是将由直接读数算出的高差除以 2，求出实际高差值。

八、电子水准仪

1. 电子水准仪的组成

电子水准仪又称数字水准仪，如图 3-36 所示，它的光学系统采用的是自动安平水准仪的基本形式，是一种集电子、光学、图像处理、计算机技术于一体的自动化智能水准仪。电子水准仪采用条码标尺进行读数，各厂家因标尺编码的条码图案不同，故不能互换使用。目前照准标尺和调焦仍需目视进行。

2. 电子水准仪的工作原理

望远镜照准目标并启动测量按键后，条码尺上的刻度分划图像在望远镜中成像，通过分光镜分成可见光和红外光两部分，可见光影像成像在十字丝分划板上，供人眼监视；红外光影像成像在 CCD 阵列光电探测器（传感器）上，转射到 CCD 的视频信号被光敏二极管所感应，随后转化成电信号，经整形后进入模数转换系统（A/D），从而输出数字信号送入微处理器处理（由其操作软件计

职业技能培训教材·建筑工程系列

测量放线工

052

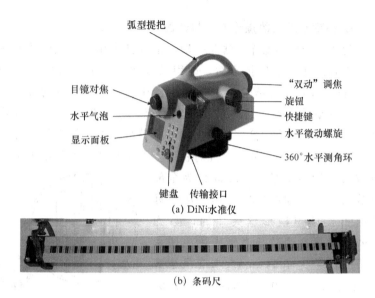

弧型提把

目镜对焦
水平气泡
显示面板

"双动"调焦
旋钮
快捷键
水平微动螺旋
360°水平测角环

键盘 传输接口

(a) DiNi水准仪

(b) 条码尺

图 3-36　电子水准仪及条码尺

算），处理后的数字信号，一路存入 PC 卡，一路输出到面板的液晶显示器，从而完成整个测量过程。

当前电子水准仪采用了三种电子读数方法：相关法（徕卡 NA3002/3003），几何法（蔡司 DINI10/20）（DINI12），相位法（拓普康 DL101C/102C）。

3. 电子水准仪的特点

电子水准仪以自动安平水准仪为基础，在望远镜光路中增加分光镜和探测器（CCD），采用条码标尺和图像处理电子系统而构成的光、机、电及信息存储与处理的一体化水准测量系统。但是其测量精度低于电子测量的精度。特别是精密电子水准仪，由于没有光学测微器，当成普通自动安平水准仪使用时，精度更低。

电子水准仪还可以进行高程连续计算、多次测量平均值测量、水平角测量、距离测量、坐标增量测量、断面计算、水准路线和水准网测量闭合差调整与测量数据自动记录、传输等。

电子水准仪与传统仪器相比有还具有读数客观、精度高、速度快、效率高等特点。

4. 使用时的注意事项

（1）使用电子水准仪测量时，尺上方必须有 30 cm 的刻度区域可见，即在十字丝上方必须有大约 15 cm 的条码可见。

（2）电池是 NiMH（镍氢电池）。一次充电 1.5 h 可以连续使用 3 个工作日。

（3）仪器应经常检查与维护，以保证必要的观测精度。

≫ 第三节　经纬仪 ≪

一、DJ$_6$ 级光学经纬仪

DJ$_6$ 级光学经纬仪主要由照准部（包括望远镜、竖直度盘、水准器、读数设备）、水平度盘、基座三部分组成，如图 3-37 所示。

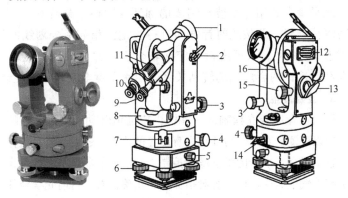

图 3-37　DJ$_6$ 级光学经纬仪

1—望远镜物镜；2—望远镜制动螺旋；3—望远镜微动螺旋；4—水平微动螺旋；
5—轴座固定螺旋；6—脚螺旋；7—复测器扳手；8—水准管；9—读数显微镜；
10—望远镜目镜；11—对光螺旋；12—竖盘指标水准管；13—反光镜；
14—水平制动螺旋；15—竖盘指标水准管微动螺旋；16—竖盘外壳

1. 望远镜

望远镜是观测目标物的主要部件，其构造与水准仪的构造基本相同，不同之处在于望远镜调焦螺旋的构造和分划板的刻线方式。经纬仪的望远镜由物镜、凹透镜、十字丝分划板和目镜组成，如图 3-38 所示。望远镜和横轴固连在一起放在支架上，并且望远镜视准轴垂直于横轴，当横轴水平时，望远镜绕横轴旋转的视准面是一个铅垂面。为了控制望远镜的水平转动和俯仰程度，在照准部外壳上各设置有一套制动和微动螺旋，以控制水平和垂直方向的转动。只有当拧紧望远镜或照准部的制动螺旋后，转动微动螺旋，望远镜或照准部才能做微小的转动。

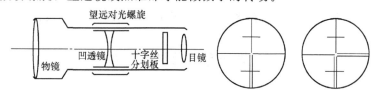

图 3-38　望远镜构造和十字丝分划板

2. 水平度盘

水平度盘主要由水平圆盘、度盘旋转轴、拨盘手轮和轴套组成。

水平度盘是用光学玻璃制成的圆环，圆环上刻有 $0°\sim360°$ 的等间隔分划线，并按顺时针方向进行注记。相邻两分划线的格值有 $1°$ 和 $30'$ 两种。水平度盘固定在轴套上，并与轴座连接。水平度盘和照准部两者之间的转动关系，由水平度盘变换手轮控制。

3. 竖直度盘

竖直度盘固定在横轴的一端，当望远镜转动时，竖盘也随之转动，用以观测竖直角。另外在竖直度盘的构造中还设有竖盘指标水准管，它由竖盘水准管的微动螺旋控制。每次读数前，都必须首先使竖盘水准管气泡居中，以使竖盘指标处于正确位置。目前光学经纬仪普遍采用竖盘自动归零装置来代替竖盘指标水准管，既提高了观测速度又提高了观测精度。

4. 读数设备

为了提高度盘读数精度，光学经纬仪的读数设备采用显微放大和测微装置。显微放大装置就是通过仪器外部的采光镜和内部一系列的棱镜以及由透镜组成的显微物镜，将度盘刻线照亮、转向、放大并成像于读数窗，再通过读数显微目镜在读数窗上读数。

DJ_6 级光学经纬仪采用分微尺读数设备，它把度盘和分微尺的影像，通过一系列透镜的放大和棱镜的折射，反映到读数显微镜内进行读数。在读数显微镜内就能看到度盘分划线和分微尺影像。度盘上两分划线所对的圆心角，称为度盘分划值。在读数显微镜内所见到的长刻划线和大号数字是度盘分划线及其注记，短刻划线和小号数字是分微尺的分划线及其注记。分微尺的长度等于度盘1°的分划长度，分微尺分成6大格，每大格又分成10小格，每小格格值为1′，可估读到0.1′也就是6″。分微尺的0°分划线是其指标线，它与度盘分划线所截的分微尺长度就是分微尺读数值。读数时，以在分微尺上的度盘分划线为准读取度数，而后读取该度盘分划线与分微尺指标线之间的分微尺读数，并估读到0.1′，即得整个读数值。图

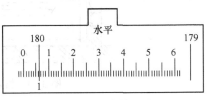

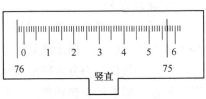

3-39所示为读数显微镜视场，注记有"水平"或"H"字符窗口的像是水平度盘分划线及其分微尺的像，注记有"竖直"或"V"字符窗口的像是竖盘分划线及其分微尺的像，图中水平度盘读数为180°06.4′，竖直度盘读数为75°57.2′。

图 3-39 DJ₆经纬仪读数窗

5. 水准器

经纬仪的圆水准器与水准仪的圆水准器相似，它的内壁半径 R 比管水准器的要小很多，其误差靠眼睛来估计，用于经纬仪的粗平，如图3-40所示。

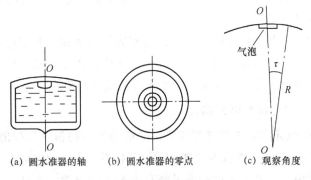

(a) 圆水准器的轴   (b) 圆水准器的零点   (c) 观察角度

图 3-40 圆水准气泡

管水准器安装在仪器照准部上，也被称为照准部水准器，主要用于经纬仪的精平。管水准器是用质量较好的玻璃管制成的，将玻璃管的内壁打磨成光滑的曲面，管内注入冰点低、流动性强、附着力较小的液体，并留有空隙形成气泡，将管两端封闭，就成为带有气泡的水准器，如图 3-41 所示。为了便于观察水准器的倾斜量，在水准管的外壁上刻有若干个分划，分划间隔一般为 2 mm。经纬仪管水准器的内壁半径 R 比圆水准器大，整平灵敏度高。

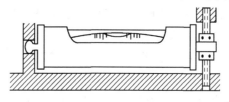

图 3-41　管水准气泡

6. 基座部分

基座部分主要由仪器的基座、脚螺旋和连接板组成，另外基座上还有轴套座孔与固定螺丝。

光学经纬仪三部分之间的相互关系是：水平度盘旋转轴套在轴套外边，照准部旋转轴插入空心轴套之中，上紧照准部连接螺丝后，再将轴套插入基座的轴套座孔内，拧紧基座上的固定螺丝，三部分就连为一个整体。因此，照准部绕轴套内的竖轴旋转时，是不会带动水平度盘的，只有通过复测器或拨盘手轮，才能使水平度盘转动。

使用经纬仪时要特别注意：切忌随意松动基座上的固定螺丝，以免仪器脱落摔坏。

此外，与经纬仪配套使用的还有脚架和垂球。利用连接板和脚架上的中心螺旋，可使仪器和脚架连接，在中心螺旋挂钩上悬挂垂球也可将水平度盘的中心安置在测站点的铅垂线上。

二、DJ₂ 级光学经纬仪

DJ₂ 级光学经纬仪精度较高，一般用于一些精密工程的测量，如图 3-42 所示。在读数设备上增设了换像手轮，用它可以使读数显微镜中只看到水平度盘或者竖直度盘一种影像。此外还采用看对径分划法读数，消除了照准部偏心误差的影响，提高了读数精度，使得一测回方向中误差不超过 $2''$。

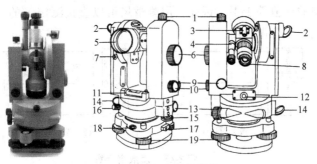

图 3-42　DJ$_2$-1 级光学经纬仪

1—望远镜制动螺旋；2—竖直度盘照明镜；3—瞄准器；4—读数目镜；
5—望远镜物镜；6—测微轮；7—补偿器按钮；8—望远镜目镜；9—望远镜微动螺旋；
10—度盘换像手轮；11—照准部水准管；12—光学对中器；13—水平微动螺旋；
14—水平度盘照明镜；15—水平度盘位置变换轮；16—水平制动螺旋；
17—仪器锁定钮；18—基座圆水准器；19—脚螺旋

1. 水平度盘变换手轮

水平度盘变换手轮的作用是变换水平度盘的初始位置。水平角观测中，根据测角需要，对起始方向观测时，可先拨开手轮的护盖，再转动该手轮，把水平度盘的读数值配置为所规定的读数。

2. 换像手轮

在读数显微镜内一次只能看到水平度盘或竖直度盘的影像，若要读取水平度盘读数，要转动换像手轮，使轮上指标红线成水平状态，并打开水平度盘反光镜，此时显微镜呈现水平度盘的影像。若打开竖直度盘反光镜时，转动换像手轮，使轮上指标线竖直时，则可看到竖盘影像。

3. 测微手轮

测微手轮是 DJ$_2$ 级光学经纬仪的读数装置。对于 DJ$_2$ 级经纬仪，其水平度盘（或竖直度盘）的刻划形式是把每度分划线间又等分刻成三格，格值等于 $20'$。通过光学系统，将度盘直径两端分划的影像同时反映到同一平面上，并被一横线分成正、倒像，一般正字注记为正像，倒字注记为倒像。读数窗示意，如图 3-43所示，测微尺上刻有 600 格，其分划影像见图中小窗。当转动测微手轮使分微尺由零分划移动到 600 分划时，度盘正、倒对径分划影像等量相对移动一格，故测微尺上 600 格相应的角值为 $10'$，一格的格值等于 $1''$。因此，用测微尺可以直接测定 $1''$ 的读数，从而起到了测微作用。

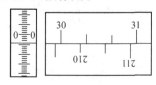
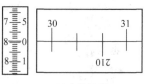

(a) 读数前视窗　　　　　　　　　　(b) 读数时视窗

图 3-43　读数窗示意

如图 3-43 所示，具体读数方法如下：①转动测微手轮，使度盘正、倒像分划线精密重合；②由靠近视场中央读出上排正像左边分划线的度数，即 $30°$；③数出上排的正像 $30°$ 与下排倒像 $210°$ 之间的格数再乘以 $10'$，即 $20'$；④在旁边小窗中读出小于 $10'$ 的分、秒。测微尺分划影像左侧的注记数字是分数，右侧的注记数字 1、2、3、4、5 是秒的十位数，即分别为 $10''$、$20''$、$30''$、$40''$、$50''$。将以上数值相加就得到整个读数。

故其读数为：

度盘上的度	$30°$
度盘上整十分	$20'$
测微尺上分、秒	$8'00''$
全部读数	$30°28'00''$

三、经纬仪的操作方法

1. 初步对中和整平

（1）锤球对中的操作方法。将三脚架调整到合适高度，张开三脚架安置在测站点上方，在脚架的连接螺旋上挂上锤球，如果锤球尖离标志中心太远，可固定一脚移动另外两脚，或将三脚架整体平移，使架尖大致对准测站点标志中心，并注意使架头大致水平，然后将三脚架的脚尖踩入土中。将经纬仪从箱中取出，用连接螺旋将经纬仪安装在三脚架上。调整脚螺旋，使圆水准器气泡居中。如果锤球尖偏离测站点标志中心，可旋松连接螺旋，

职业技能培训教材·建筑工程系列

测量放线工

在架头上移动经纬仪，使锤球尖精确对中测站点标志中心，然后旋紧连接螺旋。

（2）光学对中器对中的操作方法。使架头大致对中和水平，连接经纬仪；调节光学对中器的目镜和物镜对光螺旋，使光学对中器的分划板小圆圈和测站点标志的影像清晰。转动脚螺旋，使光学对中器对准测站标志中心，此时圆水准器气泡偏离，伸缩三脚架架腿，使圆水准器气泡居中，注意脚架尖位置不得移动。

2. 精确对中和整平

（1）对中时先旋松连接螺旋，在架头上轻轻移动经纬仪，使锤球尖精确对中测站点标志中心，或使对中器分划板的刻划中心与测站点标志影像重合；然后旋紧连接螺旋。锤球对中误差一般可控制在 3 mm 以内，光学对中器对中误差一般可控制在1 mm 以内。

（2）先转动照准部，使水准管平行于任意一对脚螺旋的连线，如图 3-44 （a）所示，两手同时向内或向外转动这两个脚螺旋，使气泡居中、注意气泡移动方向始终与左手大拇指移动方向一致；然后将照准部转动 90°，如图 3-44 （b）所示，转动第三个脚螺旋，使水准管气泡居中。再将照准部转回原位置，检查气泡是否居中，若不居中，按上述步骤反复进行，直到水准管在任何位置，气泡偏离零点不超过一格为止。

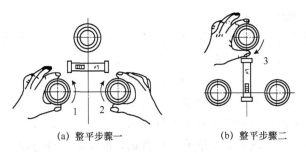

(a) 整平步骤一　　　　　(b) 整平步骤二

图 3-44　经纬仪的整平

3. 瞄准操作

（1）松开望远镜制动螺旋和照准部制动螺旋，将望远镜朝向明亮背景，调节目镜对光螺旋，使十字丝清晰。

（2）利用望远镜上的照门和准星粗略对准目标，拧紧照准部及望远镜制动螺旋；调节物镜对光螺旋，使目标影像清晰，并注意消除视差。

（3）转动照准部和望远镜微动螺旋，精确瞄准目标。测量水平角时，应用十字丝交点附近的竖丝瞄准目标底部，如图3-45所示。

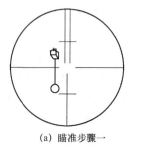　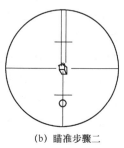

(a) 瞄准步骤一　　　　　　　　　(b) 瞄准步骤二

图 3-45　瞄准

4. 读数操作

（1）打开反光镜，调节反光镜镜面位置，使读数窗亮度适中。

（2）转动读数显微镜目镜对光螺旋，使度盘、测微尺及指标线的影像清晰。

（3）根据仪器的读数设备，按经纬仪读数方法进行读数。

四、水平角观测

1. 测回法

测回法是观测水平角的一种基本方法，通常用以观测两个方向间所夹的水平角。测回法的观测步骤如下：

（1）将复测扳手扳向上方。松开照准部及望远镜的制动螺旋。利用望远镜上的粗瞄器，以盘左（竖盘在望远镜视线方向的左侧时称盘左）粗略照准左方目标 A。关紧照准部及望远镜的制动螺旋，再用微动螺旋精确照准目标，同时需要注意消除视差及尽可能照准目标的下部。对于细的目标，宜用单丝照准，使单丝平分目标像；而对于粗的目标，则宜用双丝照准，使目标像平分双丝，以提高照准的精度。最后读取该方向上的读数 $a_{左}$。

（2）松开照准部及望远镜的制动螺旋，顺时针方向转动照准部，粗略照准右方目标 B。再关紧制动螺旋，用微动螺旋精确照准，并读取该方向上的水平度盘读数 $b_左$。盘左所得角值即为 $\beta_左 = a_左 - b_左$，以上称为上半测回。

（3）将望远镜纵转180°，改为盘右。重新照准右方目标 B，并读取水平度盘读数 $b_右$。然后顺时针或逆时针方向转动照准部，照准左方目标 A。读取水平度盘读数 $a_右$，则盘右所得角值 $\beta_右 = a_右 - b_右$，以上称为下半个测回。两个半测回角值之差不超过规定限值时，取盘左盘右所得角值的平均值 $\beta = (\beta_左 + \beta_右)/2$ 即为一测回的角值。根据测角精度的要求，可以测多个测回而取其平均值，作为最后成果。观测结果应及时记入手簿，并进行计算，看是否满足精度要求。

（4）由于水平度盘是顺时针刻划和注记的，所以在计算水平角时，总是用右目标的读数减去左目标的读数，如果不够减，则应在右目标的读数上加上 360°，再减去左目标的读数，绝不可以倒过来减。当测角精度要求较高时，往往要测几个测回，为了减少度盘分划误差的影响，各测回间应根据测回数 n，按 $180°/n$ 变换水平度盘位置，如图 3-46 所示。

图 3-46　测回法

2. 方向观测法

方向观测法，通常用于一个测站上照准目标多于三个的观测，如图 3-47 所示。

每半测回都从一个选定的起始方向（零方向）开始观测；在依次观测所需的各个目标之后，应再次观测起始方向（称为归零），称为全圆方向法。设在 O 点有 OA、OB、OC、OD 四个方向，其观测步骤如下：

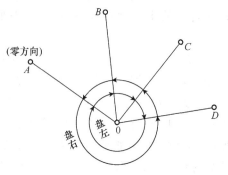

图 3-47　方向观测法

（1）在 O 点安置仪器，对中、整平。

（2）选择一个距离适中且影像清晰的方向作为起始方向，设为 OA。

（3）盘左照准 A 点，并安置水平度盘读数，使其稍大于 $0°$，用测微器读取两次读数。

（4）以顺时针方向依次照准 B、C、D 点。最后再照准 A，称为归零。在每次照准时，都用测微器读取两次读数。以上称为上半测回。

（5）倒转望远镜改为盘右，以逆时针方向依次照准 A、D、C、B、A，每次照准时，也是用测微器读取两次读数。这称为下半测回，上下两个半测回构成一个测回。

（6）如需观测多个测回时，为了消减度盘刻度不匀的误差，每个测回都要改变度盘的位置，即在照准起始方向时，改变度盘的安置读数。为使读数在圆周及测微器上均匀分布，如用 DJ_2 级仪器作精密测角时，则各测回起始方向的安置读数依下式计算：

$$R = \frac{180°}{n}(i-1) + 10'(i-1) + \frac{600''}{n}\left(i - \frac{1}{2}\right)$$

式中：n——总测回数；

　　　i——该测回序数。

每次读数后，应及时记入手簿。

3. 技术要点

（1）仪器高度要和观测者的身高相适应；三脚架要踩实，仪器与脚架连接要牢固，操作仪器时不要用手扶三脚架；转动照准部和望远镜之前，应先松开制动螺旋，使用各种螺旋时用力要轻。

（2）当观测目标间高低相差较大时，更应注意仪器整平。

（3）照准标志要竖直。尽可能用十字丝交点瞄准标杆或测杆底部。

（4）精确对中，特别是对短边测角，对中要求应更严格。

（5）一测回水平角观测过程中，不得再调整照准部水准气泡，如气泡偏离中央超过2格时，应重新整平与对中仪器，重新观测。

（6）记录要清楚，应当场计算，发现错误，立即重测。

五、竖直角观测

1. 测量原理

（1）竖直角测量原理。在同一铅垂面内，观测视线与水平线之间的夹角，称为竖直角，又称倾角，用 a 表示。其角值范围为 $0°\sim\pm9°$。视线在水平线的上方，垂直角为仰角，符号为正（$+a$）；视线在水平线的下方，垂直角为俯角，符号为负（$-a$），如图 3-48 所示。

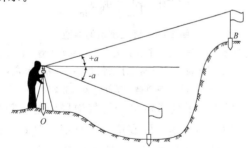

图 3-48　竖直角测量原理

（2）垂直角测量原理。同水平角一样，竖直角的角值也是度盘上两个方向的读数之差。望远镜瞄准目标的视线与水平线分别在竖直度盘上有对应读数，两读数之差即为竖直角的角值。所不同的是，竖直角的两方向中的一个方向是水平方向。无论对哪一种经纬仪来说，视线水平时的竖盘读数都应为 90° 的倍数。所以，测量竖直角时，只要瞄准目标读出竖盘读数，即可计算出竖直角。

2. 竖直度盘的构造

竖直度盘垂直固定在望远镜旋转轴的一端，随望远镜的转动而转动。竖直度盘的刻划与水平度盘基本相同，在竖盘中心的铅垂方向装有光学读数指示线，为了判断读数前竖盘指标线位置是否正确，在竖盘指标线（一个棱镜或棱镜组）上设置了管水准器，用来控制指标位置。当竖盘指标水准管气泡居中时，竖盘指标就处于正确位置。对于 DJ$_6$ 级光学经纬仪竖盘与指标及指标水准管之间应满足下列关系：当视准轴水平，指标水准管气泡居中时，指标所指的竖盘读数值盘左为 90°，盘右为 270°。经纬仪竖盘包括竖直度盘、竖盘指标水准管和竖盘指标水准管微动螺旋，如图 3-49 所示。

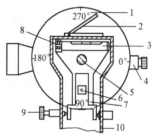

图 3-49　竖直度盘的构造

1—竖直度盘；2—指标水准管反光镜；3—指标水准管；4—望远镜；
5—横轴；6—测微平板玻璃；7—指标水准管支架；8—指标水准管校正螺丝；
9—指标水准管微动螺旋；10—左支架

当望远镜视线水平且指标水准管气泡居中时，竖盘读数应为零读数 M。当望远镜瞄准不同高度的目标时，竖盘随着转动，而读数指标不动，因而可读得不同位置的竖盘读数。

竖直度盘的刻划也是在全圆周上刻 360°，但注字的方式有顺时针及逆时针两种。通常在望远镜方向上注以 0° 及 180°，如图 3-50 所示。在视线水平时，指标所指的读数为 90° 或 270°。竖盘读数也是通过一系列光学组件传至读数显微镜内读取。

对竖盘指标的要求，是始终能够读出与竖盘刻划中心在同一铅垂线上的竖盘读数。为了满足这个要求，它有两种构造形式：

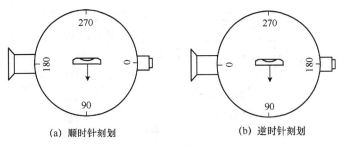

(a) 顺时针刻划　　　　　　(b) 逆时针刻划

图 3-50　不同划线的竖盘

一种是借助于与指标固连的水准器的指示，使其处于正确位置，在早期的仪器都属此类；另一种是借助于自动补偿器，使其在仪器整平后，自动处于正确位置。

3. 竖直角的计算

由于竖盘注记形式不同，垂直角计算的公式也不一样。现在以顺时针注记的竖盘为例，推导垂直角的计算公式。

如图 3-51 所示，盘左位置：视线水平时，竖盘读数为 90°。当瞄准目标时，竖盘读数为 L，则盘左垂直角 α_L 为：

$$\alpha_L = 90° - L$$

如图 3-51 所示，盘右位置：视线水平时，竖盘读数为 270°；当瞄准原目标时，竖盘读数为 R，则盘右垂直角 α_R 为：

$$\alpha_R = R - 270°$$

将盘左、盘右位置的两个垂直角取平均值，即得垂直角 α，计算公式为：

$$\alpha = (\alpha_L + \alpha_R) / 2$$

对于逆时针注记的竖盘，用类似的方法推得垂直角的计算公式为：

$$\alpha_L = L - 90°$$

$$\alpha_R = 270° - R$$

在观测垂直角之前，将望远镜大致放置水平，观察竖盘读数，首先确定视线水平时的读数，然后上仰望远镜，观测竖盘读数是增加还是减少。

读数增加时，垂直角的计算公式为：

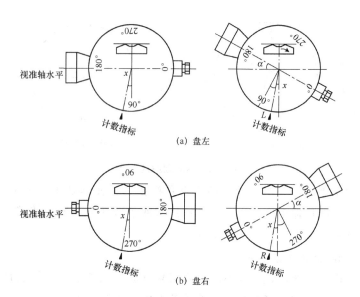

图 3-51 竖盘读数与垂直角计算

$\alpha=$瞄准目标时竖盘读数$-$视线水平时竖盘读数

读数减少时，垂直角的计算公式为：

$\alpha=$视线水平时竖盘读数$-$瞄准目标时竖盘读数

4. 竖盘指标差

在垂直角计算公式中，认为当视准轴水平、竖盘指标水准管气泡居中时，竖盘读数应是 90°的整数倍。但是实际上这个条件往往不能满足，竖盘指标常常偏离正确位置，这个偏离的差值 x 角，称为竖盘指标差。竖盘指标差 x 本身有正负号，一般规定当竖盘指标偏移方向与竖盘注记方向一致时，x 取正号，反之 x 取负号。

如图 3-52 （a）所示盘左位置，由于存在指标差，其正确的垂直角计算公式为：

$$\alpha=90°-L+x=\alpha_{L}+x$$

如图 3-52 （b）所示盘右位置，其正确的垂直角计算公式为：

$$\alpha=R-270°-x=\alpha_{R}-x$$

将以上两式相加和相减分别得到以下两式并除以 2，得

$$\alpha=\frac{1}{2}\ (\alpha_{L}+\alpha_{R})\ =\frac{1}{2}\ (R-L-180°)$$

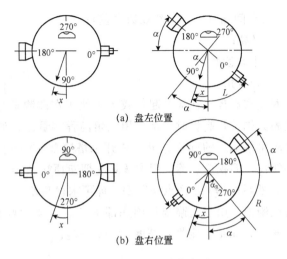

(a) 盘左位置

(b) 盘右位置

图 3-52　竖直度盘指标差

$$x=\frac{1}{2}(\alpha_R-\alpha_L)=\frac{1}{2}(L+R-360°)$$

　　在垂直角测量时，用盘左、盘右观测。取平均值作为垂直角的观测结果，可以消除竖盘指标差的影响。

　　指标差互差（即所求指标差之间的差值）可以反映观测成果的精度。竖盘指标差 x 值对同一台仪器在某一段时间内连续观测的变化应该很小，可以视为定值。由于仪器误差、观测误差及外界条件的影响，使计算出竖盘指标差发生变化。通常规范规定指标差变化的容许范围，如《工程测量规范》（GB 50026—2007）规定五等光电测距三角高程测量，DJ$_6$、DJ$_2$ 级仪器指标差变化范围分别应不大于 $25''$ 和 $10''$。若超限应对仪器进行校正。

5. 竖直角的应用

（1）用视距法测定平距和高差。

视线倾斜时的平距公式：

$$D=KL\cos^2\alpha$$

视线倾斜时的高差公式：

$$h=\frac{1}{2}KL\sin2\alpha+i-v$$

式中：K——视距乘常数，一般 $K=100$；

L——尺间隔（上、下丝读数之差）；

i——仪高；

v——中丝读数；

α——竖直角。

（2）间接求高程。在地形起伏较大不便于水准测量时或者工程中求其高大构筑物高程时，常采用三角高程测量法。如图 3-53 所示，要求水塔 AB 的标高，可在离开水塔底部 30 m 左右的 O 点安置经纬仪，仰视望远镜，用中丝瞄准烟囱顶端 A 点，并测得竖直角 α_1，然后根据 OB 两点间距 D，即可求得高差 $h_1=D\tan\alpha_1$，再把望远镜俯视，用中丝瞄准烟囱底部 F 点，并测得竖直角 α_2，则高差为 $h_2=D\tan\alpha_2$，则烟囱高度 $H=h_1+h_2$。

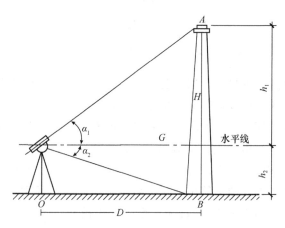

图 3-53　间接求高程示意

六、经纬仪的检校

1. 检校条件

若要测得正确可靠的水平角及竖直角，经纬仪各部件之间必须满足一定的几何条件。仪器各部件间的正确关系，在制造时虽然已经满足要求，但由于运输和长期使用，各部件间的关系必然会发生一些变化，故在测角作业前，应针对经纬仪必须满足的条件进行必要的检验与校正。

经纬仪的主要轴线有竖轴 VV、横轴 HH、视准轴 CC 和水准

管轴 LL。经纬仪各轴线之间应满足的主要条件有：

（1）照准部的水准管轴应垂直于竖轴。需利用水准管整平仪器后，竖轴才可以精确地位于铅垂位置。

（2）圆水准器轴应平行于竖轴。利用圆水准器整平仪器后，仪器竖轴才可粗略地位于铅垂位置。

（3）十字丝竖丝应垂直于横轴。当横轴水平时，竖丝位于铅垂位置。这样一方面可利用它检查照准的目标是否倾斜，同时也可利用竖丝的任一部位照准目标，以便于工作。

（4）视线应垂直于横轴。在视线绕横轴旋转时，应可形成一个垂直于横轴的平面。

（5）横轴应垂直于竖轴。当仪器整平后，横轴即水平，视线绕横轴旋转时，可形成一个铅垂面。

（6）光学对中器的视线应与竖轴的旋转中心线重合。利用光学对点器对中后，竖轴旋转中心才位于过地面点的铅垂线上。

（7）视线水平时竖盘读数应为 90°或 270°。如果有指标差存在，会给竖直角的计算带来不便。

由于仪器的使用、运输、振动等，其轴线关系变化，从而产生测角误差。因此，测量规范要求，作业前应检查经纬仪主要轴之间是否满足上述条件，必要时调节相关部件加以校正，使之满足要求。

2. 检校照准部水准管

检校目的：使照准部水准管轴垂直于仪器的竖轴，这样可以利用调整照准部水准管气泡居中的方法使竖轴铅垂，从而整平仪器；否则，将无法整平仪器。

（1）检验方法。架设仪器并将其大致整平，转动照准部，使水准管平行于任意两个脚螺旋的连线，旋转这两个脚螺旋，使水准管气泡居中，此时水准管轴水平。将照准部旋转 180°，若水准管气泡仍然居中，表明条件满足，不用校正；若水准管气泡偏离中心，表明两轴不垂直，需要校正。

（2）校正方法。首先转动上述的两个脚螺旋，使气泡向中央移动到偏离值的一半，此时竖轴处于铅垂位置，而水准管轴倾斜。用校正拨针拨动水准管一端的校正螺丝，使气泡居中，此时水准管轴水平，竖轴铅垂，即水准管轴垂直于仪器竖轴的条件满足。

校正后，应再次将照准部旋转180°，若气泡仍不居中，应按上法再进行校正。如此反复，直至照准部在任意位置时，气泡均居中为止。

3. 检校十字丝

检校目的：使竖丝垂直于横轴。这样观测水平角时，可用竖丝的任何部位照准目标；观测竖直角时，可用横丝的任何部位照准目标。显然，这将给观测带来方便。

（1）检验方法。整平仪器后，用十字丝交点照准一固定的、明显的点状目标，固定照准部和望远镜，旋转望远镜的微动螺旋，使望远镜物镜上下微动，若从望远镜内观察到该点始终沿竖丝移动，则条件满足，不用校正。否则，如图3-54（a）所示，目标点偏离十字丝竖丝移动，说明十字丝竖丝不垂直于横轴，应进行校正。

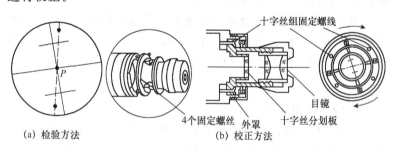

（a）检验方法　　　　　　　　　　　（b）校正方法

图3-54　十字丝的检验与校正

（2）校正方法。卸下位于目镜一端的十字丝护盖，旋松四个固定螺丝，如图3-54（b）所示，微微转动十字丝环，再次检验，重复校正，直至条件满足，然后拧紧固定螺丝，装上十字丝护盖。

4. 检校视准轴

检校目的：使视准轴垂直于横轴，这样才能使视准面成为平面，为其成为铅垂面奠定基础；否则，视准面将成为锥面。

（1）检验方法。视准轴是物镜光心与十字丝交点的连线。仪器的物镜光心是固定的，而十字丝交点的位置是可以变动的。所以，视准轴是否垂直于横轴，取决于十字丝交点是否处于正确位置。当十字丝交点偏向一边时，视准轴与横轴不垂直，形成视准轴误差。视准轴与横轴间的交角与 $90°$ 的差值，称为视准轴误差，通常用 c 表示。

如图 3-55 所示，在一平坦场地上，选择一直线 AB，长约 100 m。经纬仪安置在 AB 的中点 O 上，在 A 点竖立一标志，在 B 点横置一根刻有毫米分划的小尺，并使其垂直于 AB。仪器以盘左精确瞄准 A 点的标志，倒转望远镜瞄准横放于 B 点的小尺，并读取尺上读数 B_1。旋转照准部以盘右再次精确瞄准 A 点的标志，倒转望远镜瞄准横放于 B 点的小尺，并读取尺上读数 B_2。如果 B_1 与 B_2 相等（重合），表明视准轴垂直于横轴，否则应进行校正。

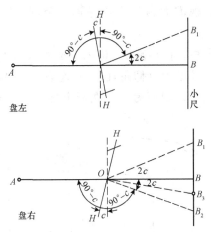

图 3-55　视准轴误差检验与校正

（2）校正方法。由图 3-55 可以明显看出，由于视准轴误差 c 的存在，盘左瞄准 A 点到镜后视线偏离 AB 直线的角度为 $2c$，而盘右瞄准 A 点倒镜后视线偏离 AB 直线的角度亦为 $2c$，但偏离方向与盘左相反，因此 B_1 与 B_2 两个读数之差所对的角度为 $4c$。为了消除视准轴误差 c，只需在小尺上定出一点 B_3，该点与盘右读

数 B_2 的距离为四分之一 B_1B_2 的长度。用校正针拨动十字丝左右两个校正螺丝，拨动时应先松一个再紧一个，使读数由 B_2 移至 B_3，然后固紧两校正螺丝。

此项检校亦需反复进行，直至 c 值不大于 $10''$ 为止。

视准轴的检验与校正还可以利用度盘读数按下述方法进行：

检验时，先整平仪器，以盘左状态精确照准一个与仪器高度大致相同的远处明显目标 P，读取水平度盘的读数为 $a_左$。然后，将仪器切换为盘右状态，仍精确照准目标 P，读取水平度盘的读数为 $a_右$。比较盘左、盘右两次的水平度盘读数，若 $a_左 = a_右 \pm 180°$，说明视准轴垂直于横轴，不用校正；否则，说明视准轴不垂直于横轴，其差值为两倍的视准轴误差 $2c$，$2c = a_左 - a_右 \pm 180°$。一般情况下，若 $2c \not> 20''$ 时，不用校正；反之需要校正。

5. 检校横轴

检校目的：使横轴垂直于竖轴，这样，当仪器整平后竖轴铅垂、横轴水平、视准面为一个铅垂面，否则，视准面将成为倾斜面。

（1）检验方法。在离高墙 20～30 m 处安置经纬仪，用盘左照准高处的一明显点 M（仰角宜在 30° 左右），固定照准部，然后将望远镜大致放平，指挥另一人在墙上标出十字丝交点的位置，设为 m_1，如图 3-56（a）所示。

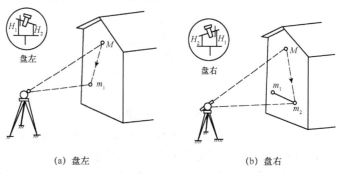

（a）盘左　　　　　　　　　　（b）盘右

图 3-56　横轴的检验

将仪器变换为盘右，再次照准目标 M 点，大致放平望远镜后，用同前的方法再次在墙上标出十字丝交点的位置，设为 m_2，如图 3-56（b）所示。

如果 m_1、m_2 两点不重合，说明横轴不垂直于竖轴，即存在横轴误差，需要校正。

（2）校正方法。取 m_1 和 m_2 的中点 m，并以盘右或盘左照准 m 点，固定照准部，向上抬起望远镜，此时的视线必然偏离了目标点 M，即十字丝交点与 M 点发生了偏移，如图 3-57（a）所示。调节横轴偏心板，使其一端抬高或降低，则十字丝交点与 M 点即可重合，如图 3-57（b）所示，横轴误差被消除。

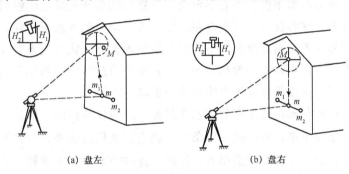

(a) 盘左　　　　　　　　　　(b) 盘右

图 3-57　横轴的校正

光学经纬仪的横轴是密封的，一般仪器均能保证横轴垂直于竖轴，若发现较大的横轴误差，一般应送仪器检修部门校正。

6. 检校光学对中器

检校目的：使光学对中器的视准轴经棱镜折射后与仪器的竖轴重合，否则会产生对中误差。

（1）检验方法。经纬仪严格整平后，在光学对中器下方的地面上放一张白纸，将对中器的刻划圈中心投绘在白纸上，设为 a_1 点；旋转照准部 180°，再次将对中器的刻划圈中心投绘在白纸上，设为 a_2 点；若 a_1 与 a_2 两点重合，说明条件满足，不用校正，反之说明条件不满足，需要校正。

（2）校正方法。在白纸上定出 a_1 与 a_2 的连线的中心 a，打开两支架间的圆形护盖，转动光学对中器的校正螺丝，使对中器的刻划圈中心前后、左右移动，直至对中器的刻划圈中心与 a 点重合为止，此项校正亦需反复进行。

光学对中器的校正螺丝随仪器类型而异，有些需校正的是使视线转向的折射棱镜；有些则是分划板。

七、角度观测的误差

1. 仪器误差

仪器误差的主要来源有两个方面：

（1）仪器制造、加工不完善所引起的误差。如照准部偏心差和度盘刻划误差，属于仪器制造误差。照准部偏心差是指照准部旋转中心与水平度盘中心不重合，导致指标在刻度盘上读数时产生误差，这种误差可采取盘左、盘右取平均值的方法来消除。度盘刻划误差是指度盘分划不均匀所造成的误差，就现代光学经纬仪而言，此项误差一般都很小，可在水平角观测中，采用不同测回之间变换度盘位置的方法来进一步减小其影响。

（2）仪器检校不完善的残余误差。经纬仪各部件（轴线）之间，如果不满足应有的几何条件，就会产生仪器误差，即使经过校正，也难免存在残余误差。例如，视准轴不垂直于横轴，横轴不垂直于竖轴的残余误差对水平角观测的影响，以及竖盘指标差的残余误差对竖直角观测的影响等。通过分析研究可知，这些误差均可采用盘左、盘右两次观测，然后取两次结果平均值的方法来消除。而十字丝竖丝不垂直于横轴的误差影响，可采用每次观测时均采用十字丝交点照准目标的观测方法予以消除。

对于无法用观测方法消除的照准部水准管轴不垂直于竖轴的误差影响，可在观测前进行严格的校正，来尽量减弱其对观测的影响。

由于采取这些措施，仪器误差对观测结果的影响实际是很小的。

2. 观测误差

观测误差是指观测者在观测操作过程中产生的误差，例如：对中误差、整平误差、标杆倾斜误差、照准误差和读数误差等。

（1）对中误差。在测站点上安置经纬仪，必须进行对中。仪器安置完毕后，仪器的中心未位于测站点铅垂线上的误差，称为对中误差；对中误差对水平角观测的影响与待测水平角边长成反比。所以，当要测水平角的边长较短时，尤应注意仔细对中。

（2）整平误差。仪器安置未严格水平而产生的误差。整平误差导致水平度盘不能严格水平，竖盘及视准面不能严格竖直。它对测角的影响与目标的高度有关，若目标与仪器同高，其影响很小；若目标与仪器高度不同，其影响将随高差的增大而增大。因此，在丘陵、山区观测时，必须精确整平仪器。

（3）标杆倾斜误差（又称目标偏心误差）。是指在观测中，实际瞄准的目标位置偏离地面标志点而产生的误差。如图 3-58 所示，O 为测站点，A 为目标点（地面标志点），边长为 d，在目标点 A 处竖立标杆作为照准标志。若标杆倾斜，测角时未能照准标杆底部 A 而照准了 B 点，设

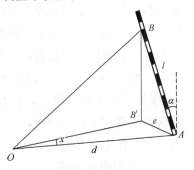

图 3-58　标杆倾斜误差

B 点至标杆底端 A 的长度为 l，则照准点偏离目标而引起的目标偏心差为：

$$e = l \cdot \sin\alpha$$

它对观测方向的影响为：

$$x = \frac{e}{d} = \frac{l \cdot \sin\alpha}{d}$$

由上式可知：x 与 l 成正比，与边长 d 成反比。所以，为了减小该项误差对水平角观测影响，应尽量照准标杆的根部，标杆应尽量竖直，边长较短时，宜采用垂球对点，照准时以垂球线替代标杆。

标杆倾斜误差对竖直角观测的影响与标杆倾斜的角度、方向、距离以及竖直角大小等因素有关。由于竖直角观测时通常均

照准标杆顶部，当标杆倾斜角大时，其影响不容忽略，故在观测竖直角时应特别注意竖直标杆。

（4）照准误差。影响照准精度的因素很多，如人眼的分辨角，望远镜的放大率，十字丝的粗细，目标的形状及大小，目标影像的亮度、清晰度以及稳定性和大气条件等。所以尽管观测者已经尽力照准目标，但仍不可避免地存在程度不同的照准误差。此项误差无法消除，只能选择适宜的照准目标，在其形状、大小、颜色和亮度的选择上多下功夫，改进照准方法，仔细完成照准操作。这样，方可减少此项误差的影响。

（5）读数误差。读数误差是指对测微装置估读的误差，它主要取决于仪器的读数设备，它与照明情况和观测者的技术熟练程度有一定关系，一般误差值为测微器最小格值的 1/10。例如，DJ$_6$级光学经纬仪读数误差不超过 $\pm 0.1'$，即不超过 $\pm 6''$。为使读数误差控制在上述范围内，观测时必须仔细操作，准确估读，否则，误差值将会远远超过此值。

3. 外界条件影响

外界条件的影响很多，如大风、松软的土质会影响仪器的稳定，地面的辐射热会引起物象的跳动，观测时大气透明度和光线的不足会影响瞄准精度，温度变化会影响仪器的正常状态等等，这些因素都直接影响测角的精度。因此，要选择有利的观测时间和避开不利的观测条件，使这些外界条件的影响降低到较小的程度。例如，安置经纬仪要踩实三脚架腿；晴天观测时要打测伞，以防止阳光直接照射仪器；观测视线应尽量避免接近地面、水面和建筑物等，以防止物像跳动和光线产生不规则的折光，使观测结果受到影响。

4. 角度观测的注意事项

为了保证角度测量的精度，满足测量的要求，观测时必须注意下列事项：

（1）观测前应先检验仪器，发现仪器有误差应立即进行校正，并在观测中采用盘左、盘右取平均值和用十字丝照准等方法，减小和消除仪器误差对观测结果的影响。

（2）安置仪器要稳定，脚架应踏牢，对中、整平应仔细，短边时应特别注意对中，在地形起伏较大的地区观测时，应严格整平。

（3）目标处的标杆应竖直，并根据目标的远近选择不同粗细的标杆。

（4）观测时应严格遵守各项操作规定。例如，照准时应消除视差；水平角观测时，切勿误动度盘；竖直角观测时，应在读取竖盘读数前，显示指标水准管气泡居中等。

（5）水平角观测时，应以十字丝交点附近的竖丝照准目标根部。竖直角观测时，应以十字丝交点附近的横丝照准目标顶部。

（6）读数应准确，观测时应及时记录和计算。

（7）各项误差值应在规定的限差以内，超限必须重测。

》》》 第四节 全站仪 《《《

一、全站仪的概念及应用

1. 概念

全站仪又称全站型电子速测仪（Electronic Total Station），是一种可以同时进行角度测量和距离测量，由机械、光学、电子元件组合而成的测量仪器。全站仪能够自动显示测量结果，并与外围设备交换信息，较完善地实现了测量和处理过程的电子一体化。

全站仪主要由采集数据设备和微处理器两大部分组成。其中，采集数据设备主要包括电子测角系统、电子测距系统、自动补偿设备等；微处理器是全站仪的核心装置，主要由中央处理器、随机储存器和只读存储器等构成，测量时，微处理器根据键盘或程序的指令控制各分系统的测量工作，进行必要的逻辑和数值运算以及数字储存、处理、管理、传输、显示等。通过这两部分的有机结合，才体现了"全站"的功能，既能自动完成数据采集，又能自动处理数据，使整个测量过程工作有序、快速、准确地进行。

2. 应用

全站仪的应用可归纳为四个方面：

（1）在地形测量中，可将控制测量和碎步测量同时进行。

（2）可用于施工放样测量，将设计好的管线、道路、工程建设中的建筑物、构筑物等的位置按图纸设计数据测设到地面上。

（3）可用全站仪进行导线测量、前方交会、后方交会等，不但操作简便且速度快、精度高。

（4）通过数据输入/输出接口设备，将全站仪与计算机、绘图仪连接在一起，形成一套完整的测绘系统，从而大大提高测绘工作的质量和效率。

二、全站仪的原理和结构

1. 工作原理

电子全站仪由电源部分、测角系统、测距系统、数据处理部分（CPU）、通信接口（I/O）及显示屏、键盘、接口等组成。各部分的作用如下：电源部分有可充电式电池，供给其他各部分电源，包括望远镜十字丝和显示屏的照明；测角部分相当于电子经纬仪，可以测定水平角、垂直角和设置方位角；测距部分相当于光电测距仪，一般用红外光源，测定至目标点（设置反光棱镜或反光片）的斜距，并可归算为平距及高差；中央处理器接收输入指令，分配各种观测作业，进行测量数据的运算，如多测回取平均值、观测值的各种改正，极坐标法或交会法的坐标计算，以及包括运算功能更为完备的各种软件；输入/输出部分包括键盘、显示屏和接口；从键盘可以输入操作指令、数据和设置参数。显示屏可以显示仪器当前的工作方式（mode）、状态、观测数据和运算结果；接口使全站仪能与磁卡、磁盘、微机交互通信，传输数据。

2. 结构组成

全站仪的主要分为基座、照准部、手柄三大部分，如图

3-59 所示为 Topcon GTS 330N 全站仪，其中照准部包括望远镜（测距部包含在此部分）、显示屏、微动螺旋等。

（1）全站仪的望远镜。全站仪测距部位于望远镜部分，因此全站仪的望远镜体积比较大，其光轴（视准轴）一般采用和测距光轴完全同轴的光学系统，即望远镜视准轴、测距红外光发射光轴、接收回光光轴三轴同轴，一次照准就能同时测出距离和角度。如图 3-60 所示。因此全站仪望远镜的检验和校正比普通光学经纬仪要复杂得多。

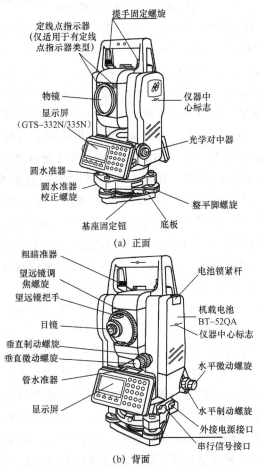

定线点指示器
（仅适用于有定线点指示器类型）

提手固定螺旋

物镜

仪器中心标志

显示屏
（GTS–332N/335N）

光学对中器

圆水准器

圆水准器
校正螺旋

整平脚螺旋

基座固定钮

底板

（a）正面

粗瞄准器

电池锁紧杆

望远镜调
焦螺旋

望远镜把手

机载电池
BT–52QA
仪器中心标志

目镜

垂直制动螺旋

垂直微动螺旋

水平微动螺旋

管水准器

显示屏

水平制动螺旋

外接电源接口

串行信号接口

（b）背面

图 3-59　Topcon GTS 330N 全站仪外观及各部件名称

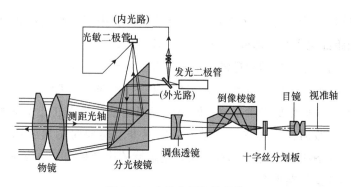

图 3-60　全站仪望远镜结构

（2）编码度盘测角系统。绝对编码度盘是在玻璃圆盘上刻划 n 个同心圆环，每个同心圆环为码道，n 为码道数，外环码道圆环等分为 $2n$ 个透光与不透光相间扇形区——编码区。每个编码所包含的圆心角 $\delta=360/(2n)$ 为角度分辨率，即为编码度盘能区分的最小角度，向着圆心方向，其余 $n-l$ 个码道圆环分别被等分为 $2n-1$、$2n-2$ 等21个编码道，其作用是确定当前方向位于外环码道的绝对位置。$n=4$ 时，$2^4=16$，角度分辨率 $\delta=360/16=22°30'$；向着圆心方向，其余 3 个码道的编码数依次为 $2^3=8$，$2^2=4$，$2^1=2$。每码道安置一行发光二极管，另一侧对称安置一行光敏二极管，发光二极管光线通过透光编码被光敏二极管接收到时，即为逻辑 0，光线被不透光编码遮挡时，即为逻辑 1，获得该方向的二进制代码。图 3-61 所示为 4 码道编码度盘。4 码道编码度盘 16 个方向值的二进制代码，见表 3-3。

4 码道编码度盘的 $\delta=22°30'$，精度太低，实际通过提高码道数来减小 δ，如 $n=16$，$\delta=360/2^{16}=0°00'19.78''$，但在度盘半径不变时增加码道数 n，将减小码道的径向宽度，拓普康 GTS-105N 全站仪的 $R=35.5$ mm、$n=16$ 时，可求出 $\Delta R=2.22$ mm，如果无限次增加高码道，码道的径向宽度会越来越小，因此，多码道编码度盘不易达到较高的测角精度，现在使用单码道编码度盘。在度盘外环刻划无重复码段的二进制编码，发光管二极照射编码度盘时，通过接收管获取度盘位置的编码信息，送微处理器译码换算为实际角度值并送显示屏显示。

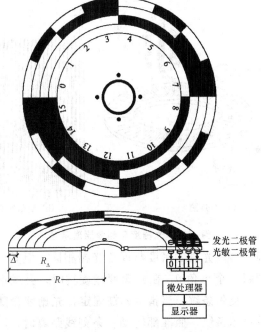

图 3-61　4 码道绝对编码度盘

表 3-3　4 码道编码度盘 16 个方向值的二进制代码

方向序号	码道图形				二进制码	方向值	方向序号	码道图形				二进制码	方向值
	2^4	2^4	2^2	2^1				2^4	2^4	2^2	2^1		
0					0000	00°00′	8	■				1000	180°00′
1				■	0001	22°30′	9	■			■	1001	202°30′
2			■		0010	45°00′	10	■		■		1010	225°00′
3			■	■	0011	67°30′	11	■		■	■	1011	247°30′
4		■			0100	90°00′	12	■	■			1100	270°00′
5		■		■	0101	112°30′	13	■	■		■	1101	292°30′
6		■	■		0110	135°00′	14	■	■	■		1110	315°00′
7		■	■	■	0111	157°30′	15	■	■	■	■	1111	337°30′

（3）光栅度盘测角系统。如图 3-62 所示，光栅度盘是在玻璃圆盘径向均匀刻划交替的透明与不透明辐射状条纹，度盘上设置

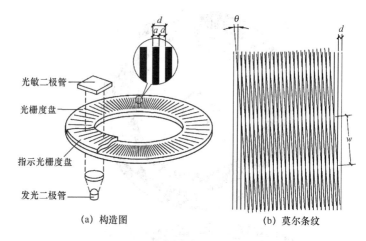

光敏二极管

光栅度盘

指示光栅度盘

发光二极管

(a) 构造图

(b) 莫尔条纹

图 3-62　光栅度盘测角原理示意

一指示光栅，指示光栅的密度与度盘光栅相同，但其刻线与度盘光栅刻线倾斜一个小角 θ，在光栅度盘旋转时，会观察到明暗相间的条纹——莫尔条纹。当指示光栅固定，光栅度盘随照准部转动时，形成莫尔条纹，照准部转动一条刻线距离时，莫尔条纹则向上或下移动一个周期。光敏二极管产生按正弦规律变化的电信号，将此电信号整形，变成矩形脉冲信号，对矩形脉冲信号计数求得度盘旋转的角值，通过译码器换算为度、分、秒送显示窗显示。倾角 θ 与相邻明暗条纹间距 ω 的关系为 $\omega = d\rho/\theta$，$\rho = 206\,265''$，$\theta = 20'$，$\omega = 172d$，纹距 ω 比栅距 d 大 172 倍，进一步细分纹距 ω，可以提高测角精度。

（4）竖轴倾斜的自动补偿器。由于经纬仪照准部的整平可使竖轴铅直，但受气泡灵敏度和作业的限制，仪器的精确整平有一定困难。这种竖轴不铅直的误差称为竖轴误差。在一些较高精度的电子经纬仪和全站仪中安置了竖轴倾斜的自动补偿器，以自动改正竖轴倾斜对视准轴方向和横轴方向的影响。这种补偿器称为双轴补偿器。如图 3-63 所示，为 TOPCON 公司生产的摆式液体补偿器。其工作原理为：由发光二极管 1 发出的光，经发射物镜 6 发射到硅油 4，全反射后，又经接收物镜 7 聚焦至接收二极管阵列 2 上。一方面将光信号转变为电信号；另一方面，还可以探测

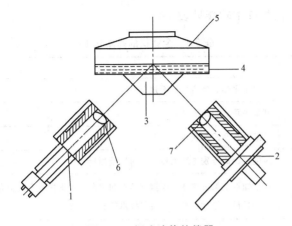

图 3-63　摆式液体补偿器

1—发光二极管；2—接收二极管阵列；3—棱镜；4—硅油；

5—补偿器液体盒；6—发射物镜；7—接收物镜

出光落点的位置。光电二极管阵列可分为 4 个象限，其原点为竖轴竖直时光落点的位置。倾斜时（在补偿范围内），光电接收器（接收二极管阵列）接收到的光落点位置就发生了变化，其变化量即反映了竖轴在纵向（沿视准轴方向）上的倾斜分量和横向（沿横轴方向）上的倾斜分量。位置变化信息传输到内部的微处理器处理，对所测的水平角和竖直角自动加以改正（补偿）。全站仪安装精确的竖轴补偿器，使仪器整平到 $3'$ 范围以内，其自动补偿精度可达 $0.1''$。

三、全站仪的功能及使用

1. 基本功能

（1）全站仪的功能概述。全站仪按数据存储方式分为内存型和电脑型两种。内存型全站仪的所有程序都固化在仪器的存储器中，不能添加或改写，也就是说，只能使用全站仪提供的功能，无法扩充。而电脑型全站仪内置操作系统，所有程序均运行于其上，可根据实际需要添加相应程序来扩充其功能，使操作者进一步成为全站仪功能开发的设计者，更好地为工程建设服务。

全站仪的基本功能见表 3-4。

表 3-4 全站仪的基本功能

项目	内容
测角功能	测量水平角、竖直角或天顶距
测距功能	测量平距、斜距或高差
跟踪测量	跟踪测距和跟踪测角
连续测量	角度或距离分别连续测量或同时连续测量
坐标测量	在已知点上架设仪器，根据测站点和定向点的坐标或定向方位角，对任一目标点进行观测，获得目标点的三维坐标值
悬高测量〔REM〕	可将反射镜立于悬物的垂点下，观测棱镜，再抬高望远镜瞄准悬物，即可得到悬物到地面的高度
对边测量〔MLM〕	可迅速测出棱镜点到测站点的平距、斜距和高差
后方交会	仪器测站点坐标可以通过观测两坐标值存储于内存中的已知点求得
距离放样	可将设计距离与实际距离进行差值比较迅速将设计距离放到实地
坐标放样	已知仪器点坐标和后视点坐标或已知仪器点坐标和后视方位角，即可进行三维坐标放样，需要时也可进行坐标变换
预置参数	可预置温度、气压、棱镜常数等参数
其他	测量的记录、通信传输功能

全站仪除了上述的功能外，有的全站仪还具有免棱镜测量功能，有的全站仪还具有自动跟踪照准功能，被喻为测量机器人。另外，有的厂家还将 GPS 接收机与全站仪进行集成，生产出了超站仪。

（2）Topcon GTS 330N 全站仪功能介绍。Topcon GTS 330N 的按键功能见表 3-5。

表 3-5　Topcon GTS 330N 全站仪按键功能

键	名称	功能
★	星键	星键模式用于如下项目的设置或显示： (1) 显示屏对比度；(2) 十字丝照明；(3) 背景光；(4) 倾斜改正；(5) 定线点指示器（仅适用于有定线点指示器类型）；(6) 设置音响模式
⭥	坐标测量键	坐标测量模式
◢	距离测量键	距离测量模式
ANG	角度测量键	角度测量模式
POWER	电源键	电源开关
MENU	菜单键	在菜单模式和正常测量模式之间切换，在菜单模式下可设置应用测量与照明调节、仪器系统误差改正
ESC	退出键	返回测量模式或上一层模式；从正常测量模式直接进入数据采集模式或放样模式；也可作为正常测量模式下的记录键
ENT	确认输入键	在输入值末尾按此键
F1~F4	软键（功能键）	对应于显示的软键功能信息

（3）Topcon GTS 330N 全站仪屏幕显示符号的含义。各种品牌的全站仪其符号所代表的意义不同，但有一些符号的含义一般是相同的（见表 3-6）。

表 3-6　Topcon GTS 330N 全站仪屏幕显示符号的含义

显示	内容	显示	内容
V	垂直角（坡度显示）	*	EDM（电子测距）正在进行
HR	水平角（右角）	m	以米为单位
HL	水平角（左角）	f	以英寸为单位
HD	水平距离		
VD	高差		
SD	倾斜距离		
N	北向坐标		
E	东向坐标		
Z	高程		

2. 操作及使用

（1）测量准备工作。测前应检查内部电池的充电情况，如电力不足要及时充电，充电方法及时间要按使用说明书进行，不要超过规定的时间。测量前装上电池，测量结束应卸下。

（2）角度测量。Topcon GTS 330N 全站仪开机后显示为默认角度测量模式，如图 3-64 所示，也可按"ANG"键进入角度测量模式，其中"V"为垂直角数值，"HR"为水平角数值。"F1"键对应"置零"功能，"F2"键对应"锁定"功能，"F3"键对应"置盘"功能。通过按"P↓"/"F4"键进行功能转换，"F1""F2""F3"键分别对应"倾斜、复测、V％"和"H-蜂鸣、R/L、竖角"功能。

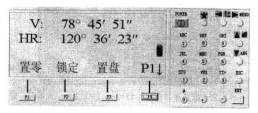

图 3-64　角度测量模式

（3）距离测量。按"◢"键进入距离测量模式，如图 3-65 所示，其中"SD"为斜距，可通过按"◢"键在斜距（SD）、平距（HD）、垂距（VD）之间进行转换。

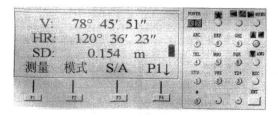

图 3-65　距离测量模式

（4）坐标测量。通过按"☒"键进入坐标测量模式，如图 3-66 所示。N、E、Z 分别表示北坐标、东坐标、高程，"F1"键对应"测量"功能，"F2"键对应"模式"功能，"F3"键对应"S/A"功能。通过按"P↓"/"F4"键进行功能转换，

"F1""F2""F3"分别对应"镜高、仪高、测站"和"偏心、—（无）、m/f/i"功能。

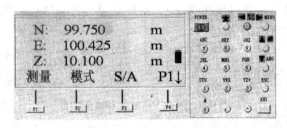

图 3-66 坐标测量模式

（5）常用设置。通过按"★"键进入常用设置模式，如图 3-67 所示。"F1"、"F2"、"F3"分别对应各种设置功能，如表 3-7 所示。

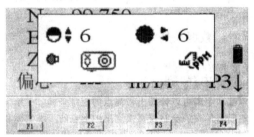

图 3-67 常用设置模式

表 3-7 常用设置模式功能对应的操作键

键	显示符号	功能
F1	☞	显示屏背景光开关
F2	◐	设置倾斜改正，若设置为开，则显示倾斜改正值
F3	◑◐	定线点指示器开关（仅适用于有定线点指示器类型）
F4	EPPM	显示 EDM 回光信号强度（信号）、大气改正值（PPM）和棱镜常数值（棱镜）
▲或▼	◒♦	调节显示屏对比度（0～9 级）
◀或▶	⊕◀	调节十字丝照明亮度（1～9 级） 十字丝照明开关和显示屏背景光开关是连通的

（6）高级设置。按"MENU"键进入主菜单界面，如图 3-68 所示，主菜单界面共分三页，通过按"P↓"/"F4"进行翻页，可进行数据采集（坐标测量）、坐标放样、程序执行、内存管理、参数设置等功能。

图 3-68 Topcon GTS 330N 全站仪菜单界面

各页菜单如下。

第 1 页 $\begin{cases} F1：数据采集 \\ F2：放样 \\ F3：内存管理 \end{cases}$

第 2 页 $\begin{cases} F1：程序 \\ F2：格网因子 \\ F3：照明 \end{cases}$

第 3 页 $\begin{cases} F1：参数组 1 \\ F2：对比度调节 \end{cases}$

（7）全站仪三维坐标测量原理及操作。全站仪通过测量角度和距离可以计算出带测点的三维坐标，三维坐标功能在实际工作中使用率较高，尤其在地形测量中，全站仪直接测出地形点的三维坐标和点号，并记录在内存中，供内业成图。如图 3-69 所示，已知 A、B 两点坐标和高程，通过全站仪测出 P 点的三维坐标，做法是将全站仪安置于测站点 A 上，按"MENU"键，进入主菜单，选择"F1"，进入数据采集界面，首先输入站点的三维坐标值（x_A，y_A，H_A），仪器高 i、目标高 v；然后输入后视点照准 B 的坐标，再照准 B 点，按测量键设定方位角，以上过程称设置测站。测站设置成功的标志是照准后视点时，全站仪的水平度盘读

数为 A、B 两点的方位角 α_{AB}。然后再照准目标点上安置的反射棱镜，按下坐标测量键，仪器就会利用自身内存的计算程序自动计算并瞬时显示出目标点 P 的三维坐标值（x_P，y_P，H_P），计算公式如下：

$$\begin{cases} x_P = x_A + S\cos\alpha\cos\theta \\ y_P = y_A + S\cos\alpha\sin\theta \\ H_P = H_A + S\sin\alpha + i - \upsilon \end{cases}$$

式中：S——仪器至反射棱镜的斜距，m；

  α——仪器至反射棱镜的竖直角；

  θ——仪器至反射棱镜的方位角。

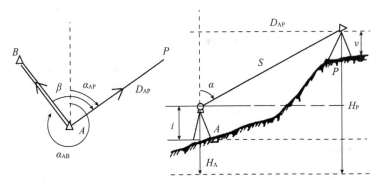

图 3-69　三维坐标测量示意

三维坐标测量时应考虑棱镜常数、大气改正值的设置。

（8）全站仪角度放样。安置全站仪于放样角度的端点上，盘左照准起始边的另一端点，按"置零"键，使起始方向为 0°，转动望远镜，使度盘读数为放样角度值后，在地面上做好标记，然后用盘右再放样一次，两次取平均位置即可。为省去计算麻烦，盘右时也可照准起始方向，把度盘置零。

（9）全站仪距离放样。利用全站仪进行距离放样时，首先安置仪器于放样边的起始点上，对中调平，然后开机，进入距离测量模式，Topcon GTS 330N 全站仪的距离放样的操作步骤，见表 3-8。

表 3-8　Topcon GTS 330N 全站仪的距离放样的操作步骤

操作过程	操　作	显　示
1. 在距离测量模式下按"F4"（↓）键，进入第 2 页功能	[F4]	HR：120°30′40″ HD * 　123.456 m VD：　5.678 m 测量模式 S/A P1↓ -------------------------------- 偏心 放样 m/f/i P2↓
2. 按"F2"（放样）键，显示出上次设置的数据	[F2]	放样： HD：　0.000 m 平距　高差　斜距…
3. 通过选择"F1"～"F3"键确定测量模式	[F1]	放样： HD　0.000 m 输入　回车 -------------------------------- … …　[CLR] [ENT]
4. 输入放样距离	[F1] 输入数据 [F4]	放样： HD：　100.000 m 输入…　…回车
5. 照准目标（棱镜）测量开始，显示测量距离与放样距离之差	照准 P	HR：　120°30′40″ dHD * [r]　≪m VD：　m 测量模式 S/A P1↓
6. 移动目标棱镜，直至距离差等于 0 m为止		HR：120°30′40″ dHD * [r] 23.456 m VD：　5.678 m 测量 模式 S/A P1↓

（10）全站仪坐标放样。利用全站仪坐标放样的原理是先在已知点上设置测站，设站方法同全站仪三维坐标测量原理。然后把待放样点的坐标输入全站仪中，全站仪计算出该点的放样元素（极坐标），如图 3-70 所示。执行放样功能后，全站仪屏幕显示角度差值，旋转望远镜至角度差值接近于 0°左右，把棱镜放置在此方向上，然后望远镜先瞄准棱镜（先不考虑方向的准确性），进行测量距离，这时得到距离差值，根据距离差值指挥棱镜向前向后移动，并旋转望远镜，使角度差值为 0°，同时控制棱镜移动的方向在望远镜十字丝的竖丝方向上，然后再进行距离测量，直到角度差值和距离差值都为零（或在放样精度允许的范围内）时，即可确定放样点的位置。

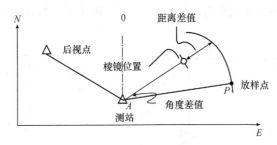

图 3-70　点的坐标放样示意

第四章

测量放线技术

≫ 第一节　制图与识图 ≪

一、基础制图

1. 投影面

在投影法中，得到投影的面被称为投影面。在多面正投影中，相互垂直的三个投影面，分别用 V、H、W 表示，如图4-1所示。

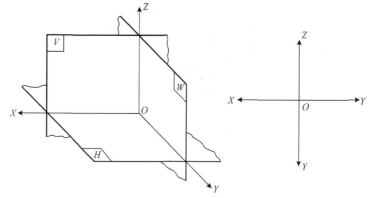

图 4-1　投影面与投影轴

2. 投影轴

在投影法中，相互垂直的投影面之间的交线被称为投影轴。在多面正投影中，相互垂直的三根投影轴分别用 OX、OY、OZ 表示，如图 4-1 所示。

绘制技术图样时，应以采用正投影法为主，以轴测投影法及透视投影法为辅。

3. 正投影法

（1）由正投影法的基本要求可知，表示一个物体可有 6 个基本投影方向，图 4-2 中相应地有 6 个基本的投影平面分别垂直于 6 个基本投影方向。物体在基本投影面的投影称为基本视图。

从前方投影的视图应尽量反映物体的主要特征，该视图称为主视图。

（2）表示法第一角画法的含义是将物体置于第一分角内，即物体

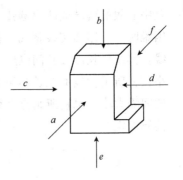

图 4-2　基本视图

处于观察者与投影面之间进行投射，然后按规定展开投影面。6 个基本投影面的展开方法如图 4-3 所示。

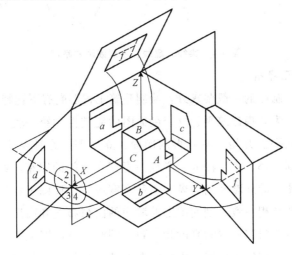

图 4-3　6 个基本面的展开方法

4．图线画法

图线画法的要求，随线型的不同而异。如图 4-4 所示，实线的接头应准确，不可偏离或者超出。当虚线位于实线的延长线上时，在相接处虚线应先留空隙，虚线与实线相接时，应以虚线的第一段短划与实线相接；当两虚线相交接时，应以两虚线的短划段相交接。当点划线与点划线或与其他图线相交时，应交于点划线的线段；当绘制圆或圆弧的中心线时，圆心应为线段的交点，

且中心线的两端应超出圆弧 2～3 mm。当图形较小，画点划线有困难时，可用细实线替代。在同一图中，性质相同的虚线或点划线，其线段长度及其间隔应大致相等。虚线的短划长度及间隔大小，视所画虚线的总长和粗细而定。点划线的线段长度和它与点的间隔大小，也视所画点划线的总长、粗细及它在图中的作用或性质而定。

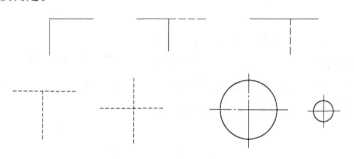

图 4-4 实线、虚线、点划线画法举例

5. 三视图

除按制图的一般要求外，绘制建筑工程图尚有下述特点。

（1）为实现建筑平、立、剖面图的完整性和统一性，绘制时一般先从平面开始，然后再画剖面、立面等。绘时要从大到小，从整体到局部，逐步深入，必须注意三者之间的完整与统一。例如立面图上的外墙面的门窗布置和宽度应与平面图上相应的门窗布置和宽度相一致。剖面图上外墙面的门窗布置和高度应与立面图上相应的门窗布置和高度相一致。同时，立面图上各部位的高度尺寸，除按使用功能和立面的造型外，是从剖面图中构配件的构造关系来确定的。因此立面图和剖面图相应部分的高度关系必须一致，立面图和平面图相应部分的宽度关系也必须一致。

对于小型建筑，当平、立、剖面图若能绘在同 1 张图纸上时，则利用其相应部分的一致性进行制图，就更为方便。

（2）建筑平、立、剖面图的绘制步骤。一般先画定位轴线，然后画建筑构配件的形状和大小；再画出各个建筑细部；画上尺寸线、标高符号、详图索引符号等，最后注写尺寸、标高数字和有关说明。

二、建筑识图

1. 总平面图

(1) 表明新建区域的地形、地貌、平面布置，包括红线位置，各建 (构) 筑物、道路、河流、绿化等的位置及其相互间的位置关系。

(2) 确定新建房屋的平面位置。一般根据原有建筑物或道路定位，标注定位尺寸；修建成片住宅、较大的公共建筑物、工厂或地形复杂时，用坐标确定房屋及道路转折点的位置。

(3) 表明建筑物首层地面的绝对标高，室外地坪、道路的绝对标高；说明土方填挖情况、地面坡度及雨水排出方向。

(4) 用指北针和风向频率玫瑰图来表示建筑物的朝向。风向频率玫瑰图还表示该地区常年风向频率，它是根据某一地区多年统计的各个方向吹风次数的百分数值，按一定比例绘制，用 16 个罗盘方位表示。风向频率玫瑰图上所表示的风的吹向，是指从外面吹向地区中心。实线图形表示常年风向频率；虚线图形表示夏季的风向频率。

(5) 根据工程的需要，有时还有水、暖、电等管线总平面图；各种管线综合布置图，竖向设计图，道路纵、横剖面图以及绿化布置图等。

2. 建筑平面图

(1) 表明建筑物的平面形状，内部各房间包括走廊、楼梯、出入口的布置及朝向。

(2) 表明建筑物及其各部分的平面尺寸，在建筑平面图中，必须详细标注尺寸。平面图中的尺寸分为外部尺寸和内部尺寸。外部尺寸有 3 道，一般沿横向、竖向分别标注在图形的下方和左方。

第 1 道尺寸：表示建筑物外轮廓的总体尺寸，也称为外包尺寸，它是从建筑物一端外墙边到另一端外墙边的总长和总宽尺寸。

第 2 道尺寸：表示轴线之间的距离，也称为轴线尺寸。它标注在各轴线之间，说明房间的开间及进深尺寸。

第 3 道尺寸：表示各细部的位置和大小的尺寸，也称为细部尺寸。它以轴线为基准，标注出门窗的大小和位置，墙、柱的大小和位置。此外，台阶（或坡道）、散水等细部结构的尺寸可分别单独标出。

内部尺寸标注在图形内部，用以说明房间的净空大小，内门窗的宽度，内墙厚度，以及固定设备的大小和位置。

（3）表明地面及各层楼面标高。

（4）表明各种门窗的位置、代号和编号，以及门的开启方向。门的代号用 M 表示，窗的代号用 C 表示，编号数用阿拉伯数字表示。

（5）表示剖面图剖切符号、详图索引符号的位置及编号。

（6）综合反映其他各工种（水、暖、电）对土建的要求。各工种要求的坑、台、水池、地沟、电闸箱、消防栓、雨水管等及其在墙或楼板上的预留洞，应在平面图中表明其位置及尺寸。

（7）表明室内装修做法。包括室内地面、墙面及顶棚等处的材料及做法。通常简单的装修工程在平面图内直接用文字说明；较复杂的装修工程则另列房间明细表和材料做法表，或另画建筑装修图。

（8）文字说明。平面图中不易表明的内容，如施工要求、砖及灰浆的强度等级等需用文字说明。

3. 建筑立面图

（1）图名、比例。立面图的比例常与平面图一致。

（2）标注建筑物两端定位轴线及其编号。在立面图中一般只画出两端的定位轴线及其编号，以便与平面图对照。

（3）画出室内外地面线、房屋的勒脚、外部装饰及墙面分格线。表示出屋顶、雨篷、阳台、台阶、雨水管、水斗等细部结构的形状和做法。为了使立面图外形清晰，通常把房屋立面的最外轮廓线画成粗实线，室外地面用特粗线表示，门窗洞口、檐口、阳台、雨篷、台阶等用中实线表示；其余的均用细实线表示（如墙面分隔线、门窗格子、雨水管以及引出线等）。

（4）表示门窗在外立面的分布、外形、开启方向。在立面图上，门窗应按规定的图例画出。门窗立面图中的斜细线，是开启方向符号，细实线表示向外开，细虚线表示向内开，一般无须把所有的窗都画上开启符号，凡是窗的型号相同的，只画出其中1～2个即可。

（5）标注各部位的标高及必须标注的局部尺寸。在立面图上，高度尺寸主要用标高表示。一般要注出室内外地坪、1层楼地面、窗台、窗顶、阳台面、檐口、女儿墙压顶面、进口平台面及雨篷底面等标高。

（6）标注出详图索引符号。

（7）用文字说明外墙装修做法。根据设计要求，外墙面可选用不同的材料及做法，在立面图上一般用文字说明。

4. 建筑剖面图

（1）图名、比例及定位轴线。剖面图的图名与底层平面图所标注的剖切位置符号的编号一致。在剖面图中，应标出被剖切的各承重墙的定位轴线及与平面图一致的轴线编号。

（2）表示出室内底层地面到屋顶的结构形式、分层情况。在剖面图中，断面的表示方法与平面相同。断面轮廓线用粗实线表示，钢筋混凝土构件的断面可涂黑表示。其他没有被剖切到的可见轮廓线用中实线表示。

（3）标注各部分结构的标高和高度方向尺寸。剖面图中应标注出室内外地面、各层楼面、楼梯平台、檐口、女儿墙顶面等处的标高。其他结构则应标注高度尺寸。高度尺寸分为3道：

第1道是总高尺寸，标注在最外边。

第2道是层高尺寸，主要表示各层的高度。

第3道是细部尺寸，表示门窗洞、阳台、勒脚等的高度。

（4）用文字说明某些用料及楼面、地面的做法等。需画详图的部位，还应标注出详图索引符号。

5. 外墙身详图

外墙身详图实际上是建筑剖面图的局部放大图。它主要表示房屋的屋顶、檐口、楼层、地面、窗台、门窗顶、勒脚、散水等处的构造；楼板与墙的连接关系。

外墙身详图识读时应注意以下问题。

（1）±0.000 或防潮层以下的砖墙以结构基础图为施工依据在识读墙身剖面图时，必须与基础图配合，并注意±0.000 处的搭接关系及防潮层的做法。

（2）屋面、地面、散水、勒脚等的做法、尺寸应和材料做法对照。

（3）要注意建筑标高和结构标高的关系。建筑标高一般是指地面或楼面装修完成后上表面的标高，结构标高主要指结构构件的下皮或上皮标高。在预制楼板结构的楼层剖面图中，一般只注明楼板的下皮标高；在建筑墙身剖面图中，只注明建筑标高。

6. 楼梯详图

楼梯详图分为建筑详图与结构详图，并分别绘制。对于比较简便的楼梯，建筑详图和结构详图可以合并绘制，编入建筑施工图和结构施工图。

（1）楼梯平面图。一般每 1 层楼都要画 1 张楼梯平面图。3层以上的房屋，若中间各层楼梯的位置、梯段数、踏步数和大小相同时，通常只画底层、中间层和顶层 3 个平面图。

楼梯平面图实际是各层楼梯的水平剖面图，水平剖切位置应在每层上行第一梯段及门窗洞口的任一位置处。各层（除顶层外）被剖到的梯段，均在平面图中以 1 根 45°折断线表示。

在各层楼梯平面图中应标注该楼梯间的轴线及编号，以确定其在建筑平面图中的位置。底层楼梯平面图还应注明楼梯剖面图的剖切符号。

平面图中要注出楼梯间的开间和进深尺寸、楼地面和平台面的标高，以及各细部的详细尺寸。通常把梯段长度尺寸与踏面数、踏面宽尺寸合写在一起。

（2）楼梯剖面图。假想用一铅垂平面通过各层的一个梯段和门窗洞将楼梯剖开，向另一未剖到的梯段方向投影，所得到的剖面图即为楼梯剖面图。

楼梯剖面图表达出房屋的层数，楼梯的梯段数、步级数及形式，楼地面、平台的构造及与墙身的连接等。

若楼梯间的屋面没有特殊之处，一般可不画。

楼梯剖面图中还应标注地面、平台面、楼面等处的标高，以及梯段、楼层、门窗洞口的高度尺寸。楼梯高度尺寸注法与平面图梯段长度注法相同，如 $10 \times 150 = 1\,500$，10 为步级数，表示该梯段为 10 级，150 为踏步高度。

楼梯剖面图中也应标注承重结构的定位轴线及编号。对需画详图的部位应注出详图索引符号。

（3）楼梯节点详图。楼梯节点详图主要表示栏杆、扶手和踏步的细部构造。

三、大比例尺地形图识图

1. 地形图的识读

（1）图廓外的注记识读。根据图外的注记，了解图名、编号、图的比例尺、所采用的坐标和高程系统、图的施测时间等内容，确定图幅所在的位置，图幅所包括的长、宽和面积等。根据施测时间可以确定该图幅是否能全面反映现实状况，是否需要修测与补测等。

（2）地貌和地物的识读。地貌和地物是地形识读的重要事项。识图时应先了解和记住部分常用的地形图图式，熟悉各种符号的确切含义，掌握地物符号的分类；要能根据等高线的特性及表示方法判读各种地貌，将其形象化、立体化。识图时应当纵观全局，仔细识读地形图上的地物，如控制点、居民点、交通路线、通信设备、农业状况和文化设施等，了解这些地物的分布、方向、面积及性质。

2. 在图上确定某点的高程

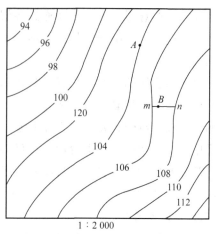

图 4-5　地形图基本应用示意

地形图上任意一点的高程，可以根据等高线及高程标记来确定，如图 4-5 所示，如果点 A 正好在等高线上，则其高程与所在的等高线高程相同。如果某点 B 不在等高线上，如图 4-5 所示 B 点位于 106 m 和 108 m 两条等高线之间，则过 B 点作一条尽量垂直于这两条等高线的线段 mn，量取 mn 的长度，同时量取 mB 的长度，可知等高距 h＝2m，则 B 点高程为：

$$H_\mathrm{B}=H_\mathrm{M}+\frac{h_{mB}}{h_{mn}} \cdot h$$

3. 在图上确定两点间的距离

（1）直接量测。用卡规在图上直接卡出线段长度，再与图示比例尺比量，即可得其水平距离。也可以用毫米尺量取图上长度并按比例尺换算为水平距离，但后者会受图样伸缩的影响，误差相应较大。但图样上绘有图示比例尺时，用此方法较为理想。

（2）根据直线两端的坐标计算水平距离。为了消除图样变形和量测误差的影响，尤其当距离较长时，可用两点的坐标计算距离，以提高精度，如图 4-5 所示，欲求直线 mn 的水平距离，首先要求出两点的坐标值 x_m、y_m 和 x_n、y_n，然后按下式计算水平距离：

$$D_{mn}=\sqrt{(x_n-x_m)^2+(y_n-y_m)^2}$$

4. 在图上确定某直线的坐标方位角

欲求图上直线 mn 的坐标方位角，如图 4-5 所示，有下列两种方法：

（1）图解法。当精度要求不高时，可用图解法用量角器在图上直接量取坐标方位角，如图 4-5 所示，先过 m、n 两点分别精确地作坐标方格网纵线的平行线，然后用量角器的中心分别对中 m、n 两点量测直线 mn 的坐标方位角 α'_{mn} 和 nm 的坐标方位角 α'_{nm}。

$$\alpha_{mn}=\frac{1}{2}\ (\alpha'_{mn}+\alpha'_{nm}\pm180°)$$

上述方法中，通过量测其正、反坐标方位角取平均值是为了减小量测误差，提高测量精度。

（2）解析法。先求出 m、n 两点的坐标，然后再按下式计算直线 mn 的坐标方位角。

$$\tan\alpha_{mn}=\frac{\Delta y_{mn}}{\Delta x_{mn}}=\frac{y_n-y_m}{x_n-x_m}$$

当直线较长时，解析法可取得较好的结果。

5. 在图上确定直线的坡度

在图上求得直线的长度及两端点的高程后，可按下式计算该直线的平均坡度 i。

$$i=\frac{h}{dM}=\frac{h}{D}$$

式中：d——图上量得的长度；

h——直线两端点的高差；

M——地形图比例尺分母；

D——该直线的实地水平距离。

坡度通常用千分率或百分率表示，"＋"为上坡，"－"为下坡。

>>> 第二节　建筑施工测量 <<<

一、垫层测设中心线

垫层打好后，根据龙门板上的轴线钉或轴线控制桩，用经纬仪或用拉线挂吊坠的方法，把轴线投测到垫层面上，并用墨线弹出基础中心线和边线，以便砌筑基础或安装基础模板，如图 4-6 所示。

二、楼房墙体轴线测设

1. 首层楼房墙体轴线测设

基础工程结束后，应对龙门板或轴线控制桩进行检查复核，防止

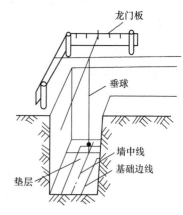

图 4-6　垫层测设中心线

在基础施工期间发生碰动移位。复核无误后，可根据轴线控制桩或龙门板上的轴线钉，用经纬仪法或拉线法把首层楼房的墙体轴线测设到防潮层上，并弹出墨线；然后用钢尺检查墙体轴线的间距和总长是否等于设计值，用经纬仪检查外墙轴线 4 个主要交角是否等于 90°。满足要求后，把墙轴线延长到基础外墙侧面上并弹线和做出标志，作为向上投测各层楼房墙体轴线的依据。同时还应把门窗和其他洞口的边线也在基础外墙侧面上作出标志。

墙体砌筑前，根据墙体轴线和墙体厚度，弹出墙体边线，照此进行墙体砌筑。砌筑到一定高度后，用吊坠将基础外墙侧面上的轴线引测到地面以上的墙体上，以免基础覆土后看不见轴线标志。如果轴线处是钢筋混凝土柱，则可拆柱模后将轴线引测到桩身上。

2. 二层及以上楼房墙体轴线测设

每层楼面建好后，为保证继续往上砌筑墙体时墙体轴线均与基础轴线在同一铅垂面上，应将基础或首层墙面上的轴线投测到

楼面上，并在楼面上重新弹出墙体的轴线，检查无误后，以此为依据弹出墙体边线，再往上砌筑。在此工作中，从下往上进行轴线投测是关键，一般多层建筑常用吊坠线的方法。

将较重的垂球悬挂在楼面的边缘，慢慢移动，使垂球尖对准地面上的轴线标志，或者使吊坠下部沿垂直墙面方向与底层墙面上的轴线标志对齐，吊坠线上部在楼面边缘的位置就是墙体轴线位置，在此画 1 条短线作为标志，便在楼面上得到轴线的 1 个端点；同法投测另一端点，两端点的边线即为墙体轴线。

一般应将建筑的主轴线都投测到楼面上来，并弹出墨线，用钢尺检查轴线间的距离，其相对误差不得大于 1/3 000，满足要求之后，再以这些主轴线为依据，用钢尺内分法测设其他细部轴线。在困难的情况下至少要测设 2 条垂直相交的主轴线，检查交角合格后，用经纬仪和钢尺测设其他主轴线，再根据主轴线测设细部轴线。

三、楼房墙体标高测设

1. 首层楼房墙体标高测设

墙体砌筑时，其标高用墙身皮数杆控制。在皮数杆上根据设计尺寸，按砖和灰缝厚度画线，并标明门窗、过梁、楼板等的标高位置。杆上标高注记从 ±0.000 向上增加。

墙身皮数杆一般立在建筑物的拐角和内墙处，固定在木桩或基础墙上。为了便于施工，采用里脚手架时，皮数杆立在墙的外边；采用外脚手架时，皮数杆应立在墙里边。立皮数杆时，先用水准仪在立杆处的木桩或基础墙上测设出 ±0.000 标高线，测量误差在 ±3 mm 以内；然后把皮数杆上的 ±0.000 线与该线对齐，用吊坠校正并用钉子钉牢，必要时可在皮数杆上加两根钉斜撑，以保证皮数杆的稳定。

2. 二层及以上楼房墙体标高测设

（1）利用皮数杆传递标高。一层楼房墙体砌完并建好楼面后，把皮数杆移到 2 层继续使用。为了使皮数杆立在同一水平面上，用水准仪测定楼面四角的标高，取平均值作为 2 楼的地面标高，并在立杆处绘出标高线，立杆时将皮数杆的±0.000线与该线对齐；然后以皮数杆为标高的依据进行墙体砌筑。如此逐层往上传递标高。

（2）利用钢尺传递标高。在标高精度要求较高时，可用钢尺从底层的＋50 cm标高线起往上直接测量，把标高传递到第2层；然后根据传递上来的标高测设第2层的地面标高线，以此为依据立皮数杆。在墙体砌到一定高度后，用水准仪测设该层的＋50 cm标高线，再往上一层的标高可以此为准用钢尺传递，如此逐层传递标高。

四、高层建筑轴线投测

1. 经纬仪投测法

当施工场地比较宽阔时，多使用经纬仪投测法进行竖向投测，安置经纬仪于轴线控制桩上，严格对中整平，盘左照准建筑物底部的轴线标志，往上转动望远镜，用其竖丝指挥在施工层楼面边缘上画1点；然后盘右再次照准建筑物底部的轴线标志，同法在该处楼面边缘上画出另一点，取两点的中间点作为轴线的端点。其他轴线端点的投测与此相同。

当楼层建得较高时，经纬仪投测时的仰角较大，操作不方便，误差也较大，此时应将轴线控制桩用经纬仪引测到远处（大于建筑物高度）稳固的地方，然后继续往上投测。如果周围场地有限，也可以测到附近建筑物的屋面上。

经纬仪投测法如图4-7所示，先在轴线控制桩 M_1 上安置经纬仪，照准建筑物底部的轴线标志，将轴线投测到楼面 M_2 点处；然后在 M_2 上安置经纬仪，照准 M_1 点，将轴线投测到附近建筑物屋面上的 M_3 点处，以后就可在 M_3 点安置经纬仪，投测更高楼层的轴线。注意上述投测工作均应采用盘左盘右取中法进行，以减少投测误差。

所有主轴线投测上来后，应进行角度和距离的检核，合格后再以此为依据测设其他轴线。

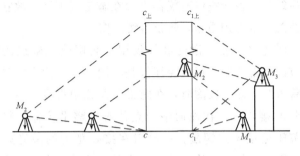

图 4-7　经纬仪投测法

2. 吊线坠法

当周围建筑物密集，施工场地窄小，无法在建筑物以外的轴线上安置经纬仪时，可采用吊线坠法进行竖向投测。这里的吊线坠法与一般的吊坠线法的原理是一样的，只是线坠的质量更大，吊线（细钢丝）的强度更高。此外，为了减少风力的影响，应将吊坠线的位置放在建筑物内部。

3. 铅直仪法

（1）垂准经纬仪。垂准经纬仪如图4-8 所示，该仪器的特点是在望远镜的目镜位置上配有弯曲成 90°的目镜，使仪器铅直指向正上方时，能方便地进行观测。该仪器的中轴是空心的，使仪器也能观测正下方的目标。

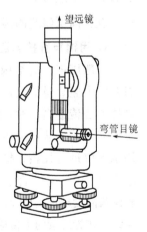

图 4-8　垂准经纬仪

使用时，将仪器安置在首层地面的轴线点标志上，严格对中整平，由弯管目镜观测，当仪器水平转动 1 周时，若视线一直指向 1 点上，说明视线方向处于铅直状态，可以向上投测。投测时，视线通过楼板上预留的孔洞，将轴线点投测到施工层楼板的透明板上定点；为了提高投测精度，应将仪器照准部水平旋转 1 周，在透明板上投测多个点，这些点应构成 1 个小圆，然后取小圆的中心作为轴线点的位置。同法用盘右再投测 1 次，取 2 次的中点作为最后结果。由于投测时仪器安置在施工层下面，故在施测过程中要注意采取保护措施，防止落物击伤。

（2）激光经纬仪。激光经纬仪用于高层建筑轴线的竖向投测，其方法与配弯管目镜的经纬仪是相同的，不同之处是用可见激光代替人眼观测。投测时，在施工预留孔中央设置用透明聚酯膜片绘制的接收靶，在地面轴线点处对中整平仪器，起动激光器，调节望远镜调焦螺旋，使投射在接收靶上的激光束光斑最小；再水平旋转仪器，检查接收靶上的光斑中心是否始终在同 1 点，或划出 1 个很小的圆圈，以保证激光束铅直；然后移动接收靶使其中心与光斑中心或小圆圈中心重合，将接收靶固定，则靶心即为欲投测的轴线点。

（3）激光铅直仪。激光铅直仪用于高层建筑轴线的竖向投测，其原理和方法与激光经纬仪基本相同，主要区别在于对中方法。激光经纬仪一般用光学对中器，而激光铅直仪用激光管尾部射出的光束进行对中。

五、高层建筑的高程传递

1. 用钢尺直接测量

一般用钢尺沿结构外墙、边柱或楼梯间，由底层±0.000 标高线向上竖直量取设计高差，即可得到施工层的设计标高线。用这种方法传递高程时，应至少从 2 处底层标高线向上传递，以便于相互校核。从底层传递到上面同一施工层的几个标高点，必须用水准仪进行校核，检查各标高点是否在同一水平面上，其误差应不超过±3 mm。合格后以其平均标高为准，作为该层的地面标高。若建筑高度超过 1 尺段，可每隔 1 个尺段的高度精确测设新的起始标高线，作为继续向上传递高程的依据。

2. 悬吊钢尺法

在外墙或楼梯间悬吊一根钢尺，分别在地面和楼面上安置水准仪，将标高传递到楼面上。用于高层建筑传递高程的钢尺，应经过检定，量取高差时尺身应铅直和用规定的拉力，并应进行温度改正。

六、高层建筑竖向测量

1．激光铅垂仪法

激光铅垂仪是一种铅垂定位专用仪器，适用于高层建筑的铅垂定位测量。激光铅垂仪可以从两个方向（向上或向下）发射铅垂激光束，用它作为铅垂基准线，精度比较高，仪器操作也比较简单。

激光铅垂仪法必须在首层面层上做好平面控制，并选择四个较合适的位置作为控制点，如图 4-9 所示，或用中心"十"字控制。在浇筑上升的各层楼面时，必须在相应的位置预留 200 mm×200 mm 与首层面层控制点相对应的小方孔，以保证能使激光束垂直向上穿过预留孔。在首层控制点上架设激光铅垂仪，调置仪器对中整平后起动电源，使激光铅垂仪发射出可见的红色光束，投射到上层预留孔的接收靶上，查看红色光斑点距靶心最近的点，此点即为第 2 层上的 1 个控制点。其余的控制点用同样方法向上传递。

2．天顶垂准测量

（1）先标定标志和中心坐标点位，在地面设置测站，将仪器对中整平后装上弯管棱镜，在测站天顶上方设置目标分划板，其位置大致与仪器铅垂或设置在已标出的位置上。

（2）将望远镜指向天顶，并在固定之后调焦，使目标分划板

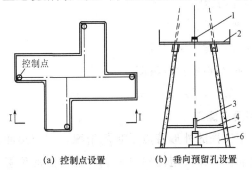

(a) 控制点设置　　　　(b) 垂向预留孔设置

图 4-9　内控制布置

1—中心靶；2—滑模平台；3—通光管；4—防护棚；5—激光铅垂仪；6—操作间

107

成像清晰；置望远镜十字丝与目标分划板上的参考坐标 x、y 轴相互平行，分别置横丝和纵丝读取 x 与 y 的格值 GJ 及 CJ 或置横丝与目标分划板 y 轴重合，读取 x 的格值 GJ。

（3）转动仪器照准部 $180°$，重复上述程序，分别读取 x 的格值 $G'J$ 和 y 的格值 $C'J$；然后调节望远镜微动手轮，将横丝与 $\dfrac{GJ+G'J}{2}$ 格值重合，将仪器照准部旋转 $90°$，置横丝与目标分划板 x 轴平行，读取 y 的格值 $C'J$，略调微动手轮，使横丝与 $\dfrac{CJ+C'J}{2}$ 格值相重合。

所测得 $x_J = \dfrac{GJ+G'J}{2}$、$y_J = \dfrac{CJ+C'J}{2}$ 的读数为一个测回，记入手簿作为原始依据。

在数据处理及精度评定时应按下列公式进行计算：

$$m_x \text{ 或 } m_y = \pm \sqrt{\dfrac{\sum_1^4 \sum_{i+1}^{10} v_{ij}^2}{N(n-1)}}$$

$$m = \pm \sqrt{m_x^2 + m_y^2} \quad r = \dfrac{m}{n}$$

$$r'' = \dfrac{m}{n}\rho''$$

式中：v_{ij}——各测量列的坐标改正值；

　　　N——测站数；

　　　n——测回数；

　　　m——垂准点位中误差；

　　　r——垂准测量相对精度；

　　　p''——参数，取 $206\,265''$。

3. 天底垂准测量

（1）根据工程的外形特点及现场情况，拟定出测量方案。做好观测前的准备工作，定出建筑物底层控制点的位置，并在相应各楼层留设俯视孔，一般孔径为 $150\ \text{mm}$，各层俯视孔的偏差 $\leqslant 8\ \text{mm}$。

（2）把目标分划板放置在底层控制点上，使目标分划板中心与控制点标志的中心重合。

（3）开启目标分划板附属的照明设备。

（4）在俯视孔位置上安置仪器。

（5）基准点对中。

（6）当垂准点标定在所测楼层面十字丝目标上后，用墨斗线弹在俯视孔边上。

（7）利用标出来的楼层上十字丝作为测站即可测角放样，测设高层建筑物的轴线。数据处理和精度评定与天顶垂准测量相同。

七、不同形式工业厂房控制网建立

1. 中小型厂房控制网的建立

如图 4-10 所示，根据测设方案与测设略图，将经纬仪安置在建筑方格网点 E 上，分别精确照准 D、H 点。自 E 点沿视线方向分别量取 $Eb=35.00$ m 和 $Ec=28.00$ m，定出 b、c 点；然后将经纬仪分别安置于 b、c 点上，用测设直角的方法分别测出 bⅣ、cⅢ方向线，沿 bⅣ方向测设出 Ⅰ、Ⅳ点，沿 cⅢ方向测设出 Ⅱ、Ⅲ点，分别在 Ⅰ、Ⅱ、Ⅲ、Ⅳ点上钉上木桩，做好标志。最后检查控制桩 Ⅰ、Ⅱ、Ⅲ、Ⅳ各点的直角是否满足精度要求，一般情况下其误差不应超过±10″，各边长度的相对误差不应超过1/25 000～1/10 000。

2. 大型工业厂房控制网的建立

对于大型或设备基础复杂的厂房，由于施测精度要求较高，为了保证后期测设的精度，其矩形厂房控制网的建立一般分 2 步进行。应先依据厂区建筑方格网精确测设出厂房控制网的主轴线及辅助线（可参照建筑方格网主轴线的测设方法进行），当校核达到精度要求后，再根据主轴线测设厂房矩形控制网，并测设各边上的距离指标桩，一般距离指标桩位于厂房柱列轴线或主要设备中心线方向上。最终应进行精度校核，直至达到要求。大型厂房的轴线测设精度，边长的相对误差不应超过 1/30 000，

职业技能培训教材·建筑工程系列

测量放线工

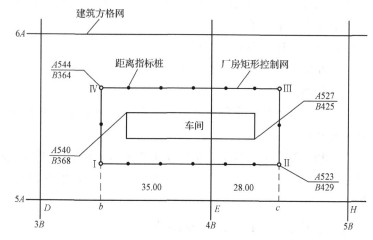

图 4-10　矩形控制网示意

角度偏差不应超过±5″。

如图 4-11 所示，主轴线 *MON* 和 *HOG* 分别选定在厂房柱列轴线ⓒ轴与③轴上，Ⅰ、Ⅱ、Ⅲ、Ⅳ为控制网的 4 个控制点。

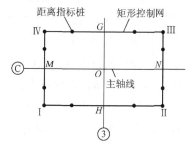

图 4-11　大型厂房矩形控制网的测设

测设时，首先按主轴线测设方法将 *MON* 测设于地面上，再以 *MON* 轴为依据测设短轴 *HOG*，并对短轴方向进行方向改正，使轴线 *MON* 与 *HOG* 正交，限差为±5″。主轴线方向确定后，以 *O* 点为中心，用精密测量的方法测定纵轴、横轴端点 *M*、*N*、*H*、*G* 的位置，主轴线长度的相对精度为 1/5 000。主轴线测设后，可测设矩形控制网，测设时分别将经纬仪安置在 *M*、*N*、*H*、*G* 点，瞄准 *O* 点测设 90°方向，交会定出Ⅰ、Ⅱ、Ⅲ、Ⅳ角点，精密测量 *M*Ⅰ、*M*Ⅱ、*N*Ⅱ、*N*Ⅳ、*H*Ⅰ、*H*Ⅳ、*G*Ⅳ、*G*Ⅲ的长度，精度要求同主轴线，不满足要求时应进行调整。

110

八、厂房基础设备施工测量

1. 基础设备控制网的设置

（1）中小型设备基础内控制网的设置。内控制网的标志一般采用在柱子上预埋标板，如图 4-12 所示；然后将柱中心线投测于标板之上，以构成内控制网。

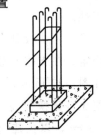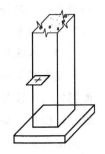

图 4-12　柱子标板设置

（2）大型设备基础内控制网的设置。大型连续生产设备的基础中心线及地脚螺栓组中心线很多，为便于施工放线，将槽钢水平焊牢于厂房的钢柱上；然后根据厂房矩形控制网，将设备基础主要中心线的端点投测于槽钢上，以建立内控制网。

先在设置内控制网的厂房钢柱上引测相同高程的标点，其高度以便于量距为原则，然后将边长为 5 mm×100 mm 的槽钢或 50 mm×50 mm 的角钢水平焊牢于柱子上。为了使其牢固，可加焊角钢于钢柱上。柱间跨距较大时，钢材会发生挠曲，可在中间加一木支撑。图 4-13 为内控制网立面布置图。

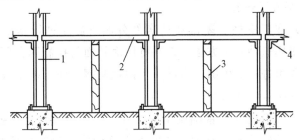

图 4-13　内控制网立面布置

1—钢柱；2—槽钢；3—木支撑；4—角钢

（3）钢线板的架设。用预制钢筋混凝土小柱子作为固定架，在浇筑混凝土垫层时即将小柱子埋设在垫层内，如图 4-14 所示。在混凝土柱上焊以角钢斜撑（须先将混凝土表面凿开露出钢筋，而后将斜撑焊在钢筋上），再于斜撑上铺焊角钢作为线板。架设钢线板时，最好靠近设备基础的外模，这样可依靠外模的支架进行顶托，以增加稳固性。

（4）木线板的架设。木线板可直接架在设备基础的外模支撑上，支撑必须牢固稳定。在支撑上架设截面为 5 cm×10 cm 的表面刨光的木线板，如图 4-15 所示。为了便于施工人员拉线和安装螺栓，线板的高度要比基础模板高 5～6 cm，同时纵、横两方向的高度必须相差 2～3 cm，以免挂线时纵、横两方向的钢丝在相交处相碰。

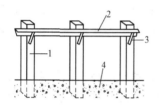

图 4-14 钢线板架设

1—钢筋混凝土预制小柱子；

2—角钢；3—角钢斜撑；4—垫层

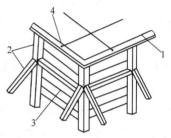

图 4-15 木线板架设

1—5 cm×10 cm 木线板；2—支撑；

3—模板；4—地脚螺栓组中心线点

2. 基础设备施工

（1）在厂房柱子基础和厂房部分建成后才进行基础设备施工。若采用这种施工方法，必须将厂房外面的控制网在厂房砌筑砖墙之前引进厂房内部，布设一个内控制网，作为基础设备施工和设备安装放线的依据。

（2）厂房柱基与基础设备同时施工时，不需建立内控制网，一般是将基础设备主要中心线的端点测设在厂房矩形控制网上。当基础设备支模板或地脚螺栓时，局部架设木线板或钢线板，以测设螺栓组中心线。

3. 基坑开挖和基础底层放线

当基坑采用机械挖土时（图 4-16），测量工作及允许偏差按下列要求进行：根据厂房控制网或场地上其他控制点测定挖土范围线，其测量允许偏差为±5 cm，标高根据附近的水准点测设，允许偏差为±3 cm。在基坑开挖时应经常检查挖土标高，挖土完成后应实测挖土面标高，测量允许偏差为±2 cm。

图 4-16　机械开挖基坑

4. 基础定位

（1）中小型设备基础定位的测设方法与厂房基础定位相同。不过在基础平面图上，如设备基础的位置是以基础中心线与柱子中心线的关系来表示，这时测设数据需将设备基础中心线与柱子中心线的关系换算成与矩形控制网上距离指标桩的关系尺寸，然后在矩形控制网的纵、横对应边上测定基础中心线的端点。对于采用封闭式施工的基础工程（即先进行厂房基础施工，而后进行设备基础施工），则根据内控制网进行基础定位测量。

（2）大型设备基础的中心线较多，为了便于施测，防止产生错误，在定位以前，须根据设计原图编绘中心线测设图。将全部的中心线统一编号，并注明其与柱子中心线和厂房控制网上距离指标桩的尺寸关系。进行定位放线时，按照中心线测设图在厂房控制网或内控制网的对应边上测出中心线的端点；然后在距离基础开挖边线 1～1.5 m 处定出中心桩，以便开挖。

5. 基础设备中心线标板的埋设与投点

中心线标板可采用小钢板下面加焊两锚固脚的形式，如图 4-17（a）所示，或用 $\phi18 \sim \phi22$ 的钢筋制成卡钉，如图 4-17（b）所示，在基础混凝土未凝固前，将其埋设在中心线的位置，如图 4-17（c）所示，埋设时应使顶面露出基础面 3～5 mm，到基础边缘的距离为 50～80 mm。若主要设备中心线通过基础凹形部分或地沟时，则埋设 50 mm×50 mm 的角钢或 100 mm×50 mm 的槽钢，如图 4-17（d）所示。几种特殊情况的中心线标

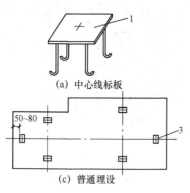

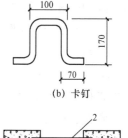

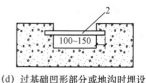

(a) 中心线标板　　　　(b) 卡钉

(c) 普通埋设　　　　(d) 过基础凹形部分或地沟时埋设

图 4-17　设备基础中心线标桩的埋设

1—60×80 钢板加焊锚固脚；

2—角钢或槽钢；3—中心线标板

板如下：

（1）联动设备基础的生产轴线，应埋设必要数量的中心线标板。

（2）重要设备基础的主要纵、横中心线。

（3）结构复杂的工业炉基础纵、横中心线，环形炉及烟囱的中心位置等。

中线投点的方法与柱基中线投点相同，即以控制网上的中线端点为后视点，采用正倒镜法，将仪器移置于中线上，而后投点；或者将仪器置于中线一端点上，照准另一端点，进行投点。

九、钢柱基础施工测量

1. 垫层中心线投点和抄平

垫层混凝土凝固后，应在垫层面上投测中心线点，并根据中心线点弹出墨线，绘出地脚螺栓固定架的位置，如图4-18所示，以便下一步安装固定架并根据中心线支立模板。投测中心线时为了使视线能够看到坑底，经纬仪必

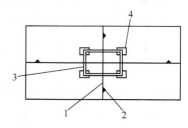

图 4-18　地脚螺栓固定架的位置

1—墨线；2—中心线点；

3—螺栓固定架；4—垫层抄平位置

须安置在基坑旁，然后照准矩形控制网上基础中心线的两端点。用正倒镜法，先将经纬仪中心导入中心线内，然后进行投点。

螺栓固定架的位置在垫层上绘出后，即在固定架外框 4 角处测出 4 点标高，以便用来检查并整平垫层混凝土面，使其满足设计标高要求，便于固定架的安装。如基础过深，从地面上引测基础底面标高，标尺不够长时，可采取挂钢尺法。

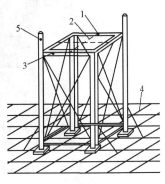

图 4-19　固定架的位置

1—固定架中心线投点；2—拉线；

3—横梁抄平位置；

4—钢筋网；5—标高点

2. 固定架中心线投点与抄平

（1）固定架是用钢材制作的，用以固定地脚螺栓及其他埋设件的框架，如图 4-19 所示。根据垫层上的中心线和所画的位置将其安置在垫层上，然后根据在垫层上测定的标高点找平地脚，将高的地方打去一些，低的地方垫以小块钢板并与底层钢筋网焊牢，使其满足设计标高要求。

（2）固定架安置好后，用水准仪测出 4 根横梁的标高，以检查固定架的标高是否满足设计要求，允许偏差低于设计标高－5 mm，但不应高于设计标高。固定架标高满足要求后，将固定架与底层钢筋网焊牢，并加焊钢筋支撑。若是深坑固定架，在其脚下需浇筑混凝土，使其稳固。

（3）在投点前，应对矩形边上的中心线端点进行检查，然后根据相应两端点，将中心线投测于固定架的横梁上，并刻绘标志。其中心线投点偏差（相对于中心线端点）为±2 mm。

3. 地脚螺栓的安装与标高测量

地脚螺栓的安装如图 4-20 所示。根据垫层上和固定架上投测的中心点，把地脚螺栓安放在设计位置。为了测定地脚螺栓的标高，在固定架的斜对角处焊两根小角钢。在两角钢上引测同一数值的标高点，并刻绘标志，其高度应比地脚螺栓的设计高度稍低一些；然后在角钢上两标点处拉一细钢丝，以定出螺栓的安装高度。待螺栓安装好后，测出螺栓第 1 螺扣的标高。地脚螺栓不宜低于设计标高，允许偏差为 5～25 mm。

图 4-20　地脚螺栓的安装

4. 支立模板与浇筑混凝土时的测量工作

支立模板与浇筑混凝土，如图 4-21 所示。重要基础在浇筑过程中，为了保证地脚螺栓的位置及标高正确，应进行看守观测，如发现变动应立即通知施工人员及时处理。

图 4-21　支立模板与浇筑混凝土

十、混凝土杯形基础施工测量

1. 柱基础定位

柱基础定位，如图 4-22 所示。首先在矩形控制网的边上测定基础中心线的端点（基础中心线与矩形边的交点），如图 4-23 中的 A、A' 和 $1'$ 等点。端点应根据矩形边上相邻两个距离指标桩以内分法测定，然后将两台经纬仪分别置于矩形网上的端点 A 和 2，分别瞄准 A′ 和 2′ 进行中心线投点，其交点就是（2）号柱基的中心。再根据图进行柱基放线，用灰线在实地标出基坑开挖边线。在距开挖边线 0.5～1.0 m 处方向线上打入 4 个定位木桩，钉上小钉标示中心线的方向，供修坑立模之用。

图 4-22　柱基础定位

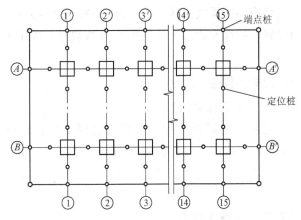

图 4-23　基础定位控制网

2. 基坑抄平

基坑开挖后，当基坑快要挖到设计标高时，应在基坑的四壁或者坑底边沿及中央打入小木桩，在木桩上引测同一高程的标高，以便根据标点拉线修整坑底和打垫层。

3. 支立模板测量工作

打好垫层后，根据柱基定位桩在垫层上放出基础中心线，并弹墨线标明，作为支模板的依据。支模上口还可从坑边定位桩直接拉线，用吊垂球的方法检查其位置是否正确；然后在模板的内表面用水准仪引测基础面的设计标高，并画线标明。在支杯底模板时，应注意使实际浇筑出来的杯底顶面比原设计的标高略低3～5 cm，以便拆模后填高修平杯底。

4. 杯口中心线投点与抄平

在柱基拆模以后，根据矩形控制网上柱中心线的端点，用经纬仪把柱中心线投到杯口顶面，并绘标志标明，以备吊装柱子时使用，如图 4-24 所示。中心线投点有两种方法：一种是将仪器安置在柱中心线的一个端点，照准

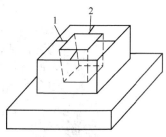

图 4-24　桩基中心线投点与抄平
1—桩中心线；2—标高线

另一端点而将中心线投放到杯口上；另一种是将仪器置于中心线上的适当位置，照准控制网上柱基中心线两端点，采用正倒镜法进行投点。

十一、混凝土柱施工测量

1. 中心线投点及标高测量

当基础混凝土凝固拆模后，根据控制网上的柱子中心线端点，将中心线投测在靠近柱底的基础面上，并在露出的钢筋上抄出标高点，以供在支柱身模板时定柱高及对正中心之用，如图 4-25 所示。

2. 柱顶及平台模板抄平

柱子模板校正以后，应选择不同行列的 2～3 根柱子，从柱子下面已测好的标高点用钢尺沿柱身向上量距，引测 2～3 个同一高程点于柱子上端模板上；然后在平台模板上设置水准仪，以引上的任一标高点作后视，施测柱顶模板标高，再闭合于另一标高点进行校核。平台模板支好后，必须用水准仪检查平台模板的

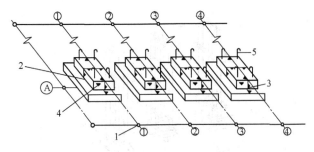

图 4-25　柱基础投点及标高测量

1—中心线端点；2—基础面上中心线点；3—柱身下端中心线点；

4—柱身下端标高点；5—钢筋上标高点

标高和水平情况，其操作方法与柱顶模板抄平相同。

3. 柱子垂直度测量

柱身模板支好后，必须用经纬仪检查柱子的垂直度。由于现场通视困难，一般采用平行线投点法来检查柱子的垂直度，并校正柱身模板。

其施测步骤如下：先在柱子模板上端根据外框量出柱子中心点，并和柱子下端的中心点相连且弹以墨线，如图 4-26 所示；然后根据柱中心控制点 A、B 测设 AB 的平行线 $A'B'$，其间距为 $1\sim1.5$ m。将经纬仪安置在 B' 点，照准 A'。此时由一人在柱上持木尺，并将木尺横放，使尺的零点水平地对正模板上端中心线。纵转望远镜仰视木尺，若十字丝正好对准 1 m 或 1.5 m 处，则柱子模板正好垂直，否则应将模板向左或向右移动，直到十字丝正好对准 1 m 或 1.5 m 处为止。

若由于通视困难，不能应用平行线法投点校正时，则可先按上述方法校正 1 排或 1 列的首末 2 根柱子，中间的其他柱子可根据行或列间的设计距离测量其长度加以校正。

4. 高层标高引测与柱中心线投点

第 1 层柱子与平台混凝土浇筑好后，须将中心线及标高引测到第 1 层平台上，以作为施工人员支第 2 层柱身模板和第 2 层平台模板的依据，如此类推。高层标高根据柱子下面已有的标高点用钢尺沿柱身量距向上引测。向高层柱顶引测中心线，其方法一

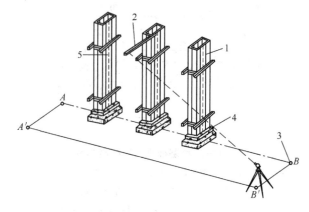

图 4-26 柱身模板校正

1—模板；2—木尺；3—柱中心线控制点；

4—柱下端中心线点；5—柱中心线

般是将仪器置于柱中心线的端点上，照准柱子下端的中心线点，仰视向上投点，如图 4-27 所示。若经纬仪与柱子之间距离过短，仰角过大而不便投点时，可将中心线的端点 A 用正倒镜法延长至 A'，然后置仪器于 A' 向上投点。标高引测及中心线投点的测设允许偏差应满足下列要求：标高引测的允许偏差为±5 mm；当投点高度在 5 m 及 5 m 以下时为±3 mm，5 m 以上为±5 mm。

十二、厂房柱子的安装测量

1. 准备工作

（1）弹出柱基中心线和杯口标高线。根据柱列轴线控制桩，用经纬仪将柱列轴线投测到每个杯形基础的顶面上，弹出墨线，当柱列轴线为边线时，应平移设计尺寸，在杯形基础顶面上加弹出柱子中心线，作为柱子安装定位的依据。根据±0.000标高，用水准仪在杯口内壁测设一条标高线，标高线与杯底设计标高的差应为 1 个整分米数，以便从这条线向下量取，作为杯底找平的依据。

（2）弹出柱子中心线和标高线。在每根柱子的 3 个侧面，用墨线弹出柱身中心线，并在每条线的上端和接近杯口处各画 1 个红"▶"标志，供安装时校正使用。从牛腿面起，沿柱子四条棱

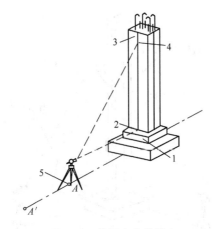

图 4-27　柱子中心线投点

1—柱子下端标高点；2—柱子下端中心线投点；3—柱上端标高点；

4—柱上端中心线投点；5—柱中心线控制点

边向下量取牛腿面的设计高程，即为±0.000 标高线，弹出墨线，画上红"▼"标志，供牛腿面高程检查及杯底找平用。

（3）柱子垂直校正测量。进行柱子垂直校正测量时，应将两架经纬仪安置在柱子纵、横中心轴线上，且距离柱子约为柱高的1.5 倍的地方（见图 4-28），先照准柱底中线，固定照准部，再逐渐仰视到柱顶，若中心线偏离十字丝竖丝，表示柱子不垂直，可指挥施工人员采用调节拉绳、支撑或敲打楔子等方法使柱子垂直。经校正后，柱中心线与轴线的偏差不得大于±5 mm；柱子垂直度允许误差为 $H/1\ 000$，当柱高在 10 m 以上时最大偏差不得超过±20 mm，柱高在 10 m 以内时最大偏差不得超过±10 mm。满足要求后，要立即灌浆，以固定柱子位置。

2. 基本要求

（1）柱子中心线应与相应的柱列中心线一致，其允许偏差为±5 mm。

（2）牛腿顶面及柱顶面的实际标高应与设计标高一致，其允许偏差：当柱高≤5 m 时应不大于±5 mm，柱高＞5 m 时应不大于±8 mm。

（3）柱身垂直允许误差：当柱高≤5 m 时应不大于±5 mm；当

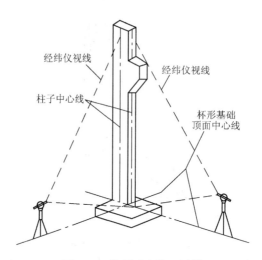

图 4-28 柱子垂直校正测量

柱高在 5～10 m 时应不大于±10 mm；当柱高超过 10 m 时，限差为柱高的 0.1%，且不超过 20 mm。

3. 测量方法

柱子被吊装进杯口后，先用木楔或钢楔暂时进行固定。用铁锤敲打木楔或者钢楔，使柱在杯口内平移，直到柱中心线与杯口顶面中心线平齐。并用水准仪检测柱身已标定的标高线。然后用两台经纬仪分别在相互垂直的两条柱列轴线上，相对于柱子的距离为 1.5 倍的柱高处同时观测，进行柱子校正。观测时，将经纬仪照准柱子底部中心线上，固定照准部，逐渐向上仰望远镜，通过校正使柱身中心线与十字丝竖丝相重合。

十三、厂房吊车梁及屋架的安装测量

1. 吊车梁安装的标高测设

吊车梁顶面标高应满足设计要求。根据±0.000 标高线，沿柱子侧面向上量取 1 段距离，在柱身上定出牛腿面的设计标高点，作为修平牛腿面及加垫板的依据；同时，在柱子的上端比梁顶面高 5～10 cm 处测设 1 标高点，据此修平梁顶面。梁顶面修平以后，应安置水准仪于吊车梁上，以柱子牛腿上测设的标高点为依据，检测梁顶面的标高是否满足设计要求，其允许误差应不超过±3 mm。

2. 吊车梁安装的轴线投测

用墨线弹出吊车梁中心线和两端中心线。根据厂房中心线和设计跨距,由中心线向两侧量出 1/2 跨距 d,在地面上标出轨道中心线。分别安置经纬仪于轨道中心线的两个端点上,瞄准另一端点,固定照准部,抬高望远镜将轨道中心投测到各柱子的牛腿面上。安装时,根据牛腿面上的轨道中心线和吊车梁端头中心线,两线对齐将吊车梁安装在牛腿面上,并利用柱子上的高程点检查吊车梁的高程。

3. 起重机轨道安装测量

安装前先在地面上从轨道中心线向厂房内侧量出一定长度 ($a=0.5{\sim}1.0$ m),得两条平行线,称为校正线;然后分别安置经纬仪于 2 个端点上,瞄准另一端点,固定照准部,抬高望远镜瞄准吊车梁上横放的木尺,移动木尺,当视准轴对准木尺的刻划 a 时,木尺零点应与吊车梁中心线重合,如不重合,应予以纠正并重新弹出墨线,以标出校正后的吊车梁中心线位置。

起重机轨道按校正后的吊车梁中心线就位后,用水准仪检查轨道面和接头处两轨端点的高程,用钢尺检查两轨道间的跨距,其测定值与设计值之差应满足规定要求。

4. 屋架安装测量

屋架安装是以安装后的柱子为依据,使屋架中心线与柱子上相应的中心线对齐。为保证屋架竖直,可用吊垂球的方法或用经纬仪进行校正。

十四、厂房钢结构施工测量

1. 平面控制

建立施工控制网对高层钢结构施工是极为重要的。控制网距施工现场不能太近,应考虑到钢柱的定位、检查、校正。

2. 高程控制

高层钢结构工程的标高测设极为重要,其精度要求较高,故施工场地的高程控制网应根据城市二等水准点来建立 1 个独立的三等水准网，以便在施工过程中直接应用，在进行标高引测时必须先对水准点进行检查。三等水准高差闭合差的允许误差应达到 $\pm 3\sqrt{n}$ mm，其中 n 为测站数。

3. 轴线位移校正

任何 1 节框架钢柱的校正，均以下节钢柱顶部的实际中心线为准，使安装的钢柱的底部对准下面钢柱的中心线即可。因此，在安装的过程中，必须经常进行钢柱位移的监测，并根据实测的位移量按实际情况加以调整。调整位移时应特别注意钢柱的扭转，因为钢柱扭转对框架钢柱的安装很不利，必须引起重视。

4. 定位轴线检查

定位轴线在基础施工时就应引起重视，必须在定位轴线测设前做好施工控制点及轴线控制点，待基础浇筑混凝土后再根据轴线控制点将定位轴线引测到柱基钢筋混凝土底板面上；然后预检定位轴线是否同原定位重合、闭合，每根定位轴线的总尺寸误差值是否超过限差要求，纵、横网轴线是否垂直、平行。预检应由业主、监理、土建、安装四方联合进行，对检查数据要进行鉴证。

5. 标高实测

以三等水准点的标高为依据，对钢柱柱基表面进行标高实测，将测得的标高偏差用平面图表示，作为临时支撑标高调整的依据。

6. 柱间距检查

柱间距检查是在定位轴线认可的前提下进行的，一般采用检定的钢尺实测柱间距。柱间距偏差值应严格控制在 ± 3 mm 范围内，绝不能超过 ± 5 mm。若柱间距超过 ± 5 mm 时，则必须调整定位轴线。原因是定位轴线的交点是柱的基点，钢柱的竖向间距以此为准，框架钢梁连接螺孔的孔洞直径一般比高强度螺栓的直径大 $1.5 \sim 2.0$ mm，若柱间距过大，将直接影响整个竖向框架梁的安装连接和钢柱的垂直，安装中还会产生安装误差。在结构上检查柱间距时，必须注意安全。

7. 单独柱基中心检查

检查单独柱基的中心线同定位轴线之间的误差，若超过限差要求，应调整柱基中心线使其同定位轴线重合；然后以柱基中心线为依据，检查地脚螺栓的预埋位置。

十五、三角形建筑物施工测量

三角形建筑物施工测量如图4-29 所示。该建筑物有三条主要轴线，三轴线的交点距两边规划红线均为 30 m，其施工放样步骤如下。

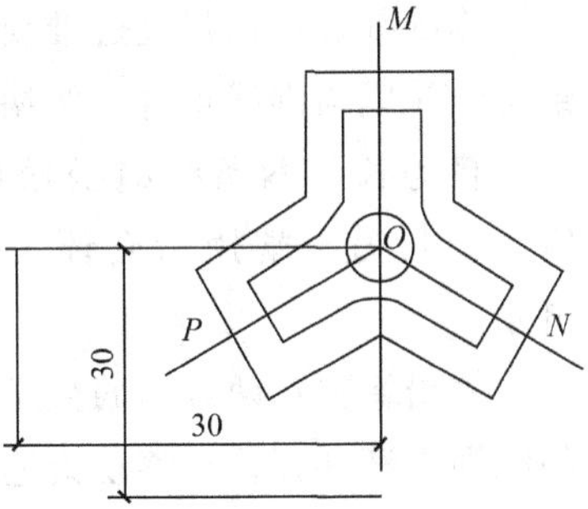

根据总设计平面图给定的数据，从两边规划红线分别量取30 m，得此建筑的中心点。

图 4-29 三角形建筑物施工测量

测定出建筑物北端中心轴线 OM 的方向，并定出中点位置 M（OM＝15 m）。

将经纬仪架设于 O 点，先瞄准 M 点，将经纬仪以顺时针方向转动 120°，定出房屋东南方向的中心轴线 ON，并量取 ON＝15 m，定出 N 点。再将经纬仪以顺时针方向转动 120°，同理定出西南中心点 P。

因房屋的其他尺寸都是直线的关系，根据平面图所给的尺寸，测设出整个楼房的全部轴线和边线位置，并定出轴线桩。

十六、用拉线法放抛物线

用拉线法放抛物线如图 4-30 所示，因为采用的坐标系不同，曲线的方程式也不同。建筑工程测量中的坐标系和数

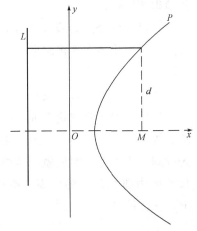

图 4-30 用拉线法放抛物线

学中的坐标系有所不同，即 x 轴和 y 轴正好相反，所以应注意建筑工程中的拱形屋顶大多采用抛物线形式。用拉线法放抛物线的方法如下。

用墨斗弹出 x、y 轴，在 x 轴上定出已知焦点 O、顶点 M 和准线 d 的位置，并在 M 点钉铁钉作为标志。

作准线。用曲尺经过准线点作 x 轴的垂线 d，将一根光滑的细钢丝拉紧与准线重合，两端钉上钉子固定。

将等长的两条线绳松松地搓成一股，一端固定在 M 点的钉子上，另一端用活套环套在准线钢丝上，使线绳能沿准线滑动。

将铅笔夹在两线绳的交叉处，从顶点开始往后拖，使搓成股的线绳逐渐展开，在移动铅笔的同时，应将套在准线上的线头徐徐向 y 方向移动，并用曲尺掌握方向，使这股绳一直保持与 x 轴平行，便可画出抛物线。

十七、双曲线形建筑物施工测量

根据总平面图，测设出双曲平面图形的中心位置点和主轴线方向。

在 x 轴方向上，以中心点为对称点，向上、向下分别取相应数值得相应点。

将经纬仪分别架设于各点，作 90°垂直线，定出相应的各弧分点；最后将各点连接起来，即可得到满足设计要求的双曲线平面图形。

各弧分点确定后，在相应位置设置龙门桩。

另外，对于双曲线来讲，也可以用直接拉线法来放线。因为双曲线上任意 1 点到 2 个焦点的距离之差为一常数，则在放样时先找到 2 个焦点，然后做两根线绳，1 根长 1 根短，两根线绳的长度差为曲线焦点的距离，两线绳的端点分别固定在 2 个焦点上，作图即可。

十八、圆弧形建筑物施工测量

1. 直接拉线法

直接拉线法比较简单，适用于圆弧半径较小的情况。根据设计总平面图，先定出建筑物的中心位置和主轴线；再根据设计数据，即可进行施工放样操作。

直接拉线法主要根据设计总平面图实地测设出圆的中心位置，并设置较为稳定的中心桩。由于中心桩在整个施工过程中要经常使用，所以桩要设置牢固并应妥善保护。同时，为防止中心桩移位或因挖土被挖出，四周应设置辅助桩，以便对中心桩加以复核或重新设置，确保中心桩位置正确。使用木桩时，在木桩中心处钉 1 个小钉；使用水泥桩时，在水泥桩中心处应埋设钢筋。将钢尺的零点对准圆心处中心桩上的小钉或钢筋，依据设计半径画圆弧即可测设出圆曲线。

2. 坐标计算法

当圆弧形建筑平面的半径尺寸很大，圆心已远远超出建筑物平面以外，无法用直接拉线法进行测量时，可使用坐标计算法。

坐标计算法一般是先根据设计平面图给出的条件建立直角坐标系，进行一系列计算，并将计算结果列入表格后，根据表格再进行现场施工放样。因此，坐标计算法的实际放样工作比较简单，而且能获得较高的施工精度。

≫ 第三节　线路工程测量 ≪

一、挖方路堑施工测量

1. 施工准备

（1）挖方前应指导场地清理（在线路征地轮廓线内进行）。

（2）挖方段的施工导线点、水准点成果表。

（3）挖方段的中桩、边桩坐标数据表或极坐标法放样数据表。

（4）挖方段的中桩、边桩设计高程表。

（5）挖方路基横断面图及纵断面图。

2. 挖方路基横断面图

图 4-31 为挖方路基横断面图，由图中可知挖方路基横断面的要素：左边堑顶及右边堑顶，左边坡比及右边坡比，左坡脚及右坡脚，左碎落台及右碎落台，左边沟及右边沟，路面总宽度及半幅宽度，路面中桩挖深；挖方在高度大于 8 m 时，在路堑高度 8 m 处设 2.0 m 宽的平台。

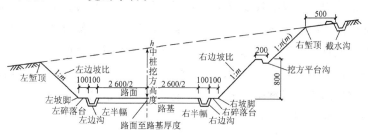

图 4-31　挖方路基横断面（单位：cm）

3. 仪器和材料

（1）全站仪或经纬仪配合测距仪。

（2）棱镜及棱镜杆、水准塔尺或水准标尺。

（3）CASIO fx-4500PA 计算器。

（4）30～50 m 钢尺及皮尺、3 m 小钢尺。

（5）竹桩（木桩）、油性记号笔、红布条或红塑袋条、铁锤、钢凿、铁钉、石灰、拉绳等。

（6）自制坡度尺、多功能坡度尺。

4. 路堑施工初期的测量

（1）根据路基横断面图的用地界桩数据，计算出线路左右两侧用地界桩的 x、y 坐标值，用全站仪坐标法（或其他方法）放出其实地位置，并示以明显醒目的标志，以指导线路场地的清理作业。

（2）场地清理后，在实地标定出挖方路基的中桩、左右边桩。

（3）在边坡、中桩的延长线上标定出路堑的坡脚桩，如有条件也可根据中桩至坡脚桩的距离计算出坡脚的坐标 x、y 值，用全站仪放出路堑的坡脚桩。

（4）在用放样方法标定边桩、坡脚桩的同时，应测出边桩、坡脚桩的实地高程，或用水准测量方法测出其高程，如条件允许，可用经纬仪视距法测定。

（5）根据计算公式，可求出中桩（或边桩）至路堑堑顶桩的平距或坡脚至堑顶桩的平距，从而在实地标定出堑顶桩。

5. 平坦地面路堑堑顶放样数据计算

从实地路堑的坡脚点 A 及 G 标定堑顶点 P 和 Q，如图 4-32 所示。

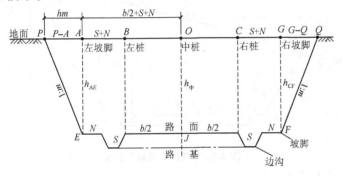

图 4-32　平坦地面路堑断面

$$\left.\begin{array}{l} D_{A-P}=（H_A-H_E）\ m \\ D_{G-Q}=（H_G-H_F）\ m \end{array}\right\}$$

从实地路堑的中桩点 O 标定堑顶点 P 及 Q（见图 4-32）。

$$\left.\begin{array}{l} D_{O-P}=b/2（S+N）+（H_0-H_J）\ m \\ D_{O-Q}=b/2（S+N）+（H_0+H_J）\ m \end{array}\right\}$$

式中：D_{A-P}、D_{G-Q}、D_{O-P}、D_{O-Q}——路堑开挖前实地坡脚桩或中桩至堑顶的平距（m）；

　　　b——路堑路面设计宽度；

　　　m——路堑边坡坡度；

　　　H_A、H_G——路堑开挖前原地面放样坡脚桩处实测高程

（m）；

H_E、H_F——路堑坡脚点（路面）设计高程；

H_O——路堑开挖前原地面放样中桩处实测高程；

H_J——路堑路面中桩设计高程；

（$S+N$）——路堑路面边沟及碎落台的设计宽度。

6. 倾斜地面路堑堑顶放样数据计算

从实地路堑的坡脚点 A 及 G 标定堑顶点 P 和 Q，如图 4-33 所示。

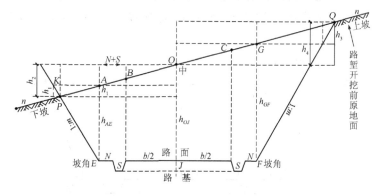

图 4-33　倾斜地面路堑断面

下坡方向：$D_{A-P} = mh_{AE} - mh_1$

上坡方向：$D_{G-Q} = mh_{GF} + mh_3$

式中：D——路堑开挖前实地坡脚桩至堑顶的平距；

m——路堑边坡坡度；

h_{AE}——路堑开挖前原地面坡脚点 A 实测高程 H_A 与该坡脚点（路面）设计高程 H_E 之差：$h_{AE} = H_A - H_E$；

h_{GF}——路堑坡脚点原地面实测高程 H_G 与该坡脚点路面设计高程之差 $h_{GF} = H_G - H_F$；

h_1、h_3——路堑原地面坡脚点 A 实测高程 H_A 与路堑顶点 P 实测高程之差：$h_1 = H_A - H_P$。由于 P 点未知（待定点），所以 h_1 也未知。实践中，可以从路基横断面图中量取，在放出 P 点后实测其高程，重新核定 P 点位置，如图 4-33 所示；

$$h_3 = H_Q - H_G，其意义与 h_1 同理。$$

从实地路堑的中桩点 O 标定堑顶点 P 和 Q：

$$D_{O-P} = \frac{1}{1+mn} [b/2 + (S+N) + mh_{OJ}]（下坡方向）$$

$$D_{Q-O} = \frac{1}{1-mn} [b/2 + (S+N) + mh_{OJ}]（上坡方向）$$

式中：D_{O-P}、D_{Q-O}——中桩至左右堑顶的平距（m）；

b、$(S+N)$、m——意义同前；

h_{OJ}——挖方路堑中桩处的下挖深度（m），可以从路基横

断面图上抄取或经 $H_{O实测} - H_{J测设}$ 计算得到；

n——挖方路堑某横断面开挖前的原地面坡度。n 为未知，

可从路面各桩位实测高程求得。

7. 挖方路堑堑顶放样的实用方法及操作步骤

利用路基横断面图量取挖方路堑堑顶的放样数据——中桩至
堑顶的平距，用 CASIO fx-4500PA 计算器计算出堑顶 x、y 坐标
值，用全站仪直接放出堑顶桩的位置。

路基横断面图常采用的比例尺为 1：200、1：400 等，在这
种大比例尺横断面图上量出路堑堑顶的放样数据，可满足路堑堑
顶的放样精度。

8. 挖方施工进行中的测量

（1）在堑顶设立醒目标志，如图 4-34 所示。实践中常采用的
方法有放石灰线、拉红草绳、插小红旗或扎红布条，插树枝等。

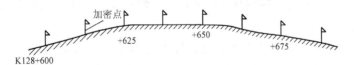

加密点

+625 +650 +675

K128+600

图 4-34　在堑顶设立醒目标志

（2）路堑下挖过程中的测量。每挖深 5 m 应复测中线桩，测
定其标高及宽度，以控制边坡大小。根据恢复的中桩、边桩控制
线路线形；根据复测的中桩、边桩高程控制下挖深度，路宽界限
与下挖深度数据应书面告知挖掘机操作人员并提醒注意。复测中

桩、边桩高程应在恢复中桩、边桩平面位置时，用全站仪或经纬仪配合测距仪同时测出，如果有必要，也可用水准仪测定。根据实地坡脚处实测高程及坡脚桩设计高程 $D=(H_{\text{实测}}-H_{\text{脚设}})m$，计算实地坡脚点至边坡面的平距 D。检控边坡面的坡度及平整度。根据挖渠进行挖方边坡平台放线。方法有水准仪视线高法进行挖方路堑平台放样；经纬仪视距法进行路堑平台放样；皮尺斜距法进行路堑平台放样。

9. 路堑施工后期的测量

（1）恢复桩位、实测高程，计算下挖高度、指导施工作业。

（2）预留路堑边坡碎落台。

（3）路堑路基零挖方作业。此测量工作任务是恢复线路中桩、左右边桩；进行恢复桩位实地高程测量；根据路基设计高程、桩位实测高程，将路基施工标高用油性笔标记在桩位（竹或木桩）的侧面以指导施工，此时的作业称为零挖方作业。

二、填方路堤施工测量

1. 填方路堤施工测量的作用

填方路堤的施工测量应根据填方路堤的施工地点和施工进度进行作业。

（1）填方前应指导路基底原地表的清理工作（在路基轮廓线内进行）。

（2）填方初期主要是控制路堤坡脚及路堤分层填筑的宽度。

（3）填方中期主要是控制路堤边坡坡度及上填各层次的路基宽度。

（4）填方后期主要是控制路基的宽度和高度，使填方路堤达到要求的宽高和高度，使填方路堤边坡坡度比达到设计要求。

2. 填方路堤施工测量资料准备

（1）填方段的施工导线点、水准点成果表。

（2）填方段的中桩、左右边桩坐标数据表或极坐标法放样数据表。

（3）填方段的中桩、左右边桩设计高程表。

3. 熟悉填方路堤的横断面图

填方路堤横断面的要素包括：路基以上各结构层（底基层、基层、面层）的厚度、横坡（路拱）、路基的宽度、路基两侧边坡及坡度比、路堤坡脚、路基（或路面）中桩、左右边桩填土高度、坡脚外侧护坡道及排水沟。

4. 填方路堤施工测量的仪具和材料

填方路堤施工测量的仪具和材料与挖土方路堑施工测量相同。

5. 路堤施工初期的测量

测量工作主要是控制填方坡脚。必须做以下工作：

（1）在实地标定出填方路堤的中桩、左右边桩。路基的宽度是根据路面的宽度、路面以下至路基面的各结构层（例如底基层、基层、路面）的厚度以及边坡比计算而得的。

（2）在放样中桩、边桩的同时，测出其桩位实地高程。

（3）通过计算，求得边桩至边坡坡脚的平距，在实地标定出填方最低层坡脚桩。

6. 用中桩、边桩标定坡脚的计算及标定坡脚桩的方法

（1）填方路堤坡脚点放样数据计算。由于填方路堤地面坡度不同，因此在计算填方坡脚放样数据时，应区分平坦地面、倾斜地面。

平坦地面填方坡脚放样（见图 4-35）数据计算公式为：

$$D_左 = D_右 = b/2 + hm$$

式中：$D_左$、$D_右$——填方路基中桩至左右坡脚桩的距离。若从路基边桩算起，则 $D_左 = D_右 = hm$；

b——路基宽度；

m——填方路基边坡坡度；

h——填土高度，实际上应为填方路基边坡设计高程与边坡实地高程之差。

倾斜地面，填方坡脚放样数据计算公式为（见图 4-36）：

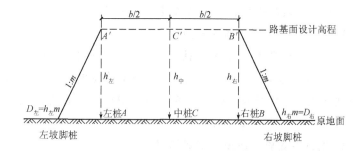

图 4-35　平坦地面路基放样坡脚桩

$$D_左＝b/2＋h_中 \; m＋h_2 m \quad （下坡方向）$$

$$D_右＝b/2＋（h_中－h_1）m \quad （上坡方向）$$

式中：$D_左$、$D_右$——填方路基中桩至左右坡脚桩的距离；

　　　$h_中$——路堤中桩填土高度；

　　　h_1——路堤中桩与右坡脚桩实测高程差；

　　　h_2——路堤中桩与左坡脚桩实测高程差；

　　　m——填方路堤边坡坡度。

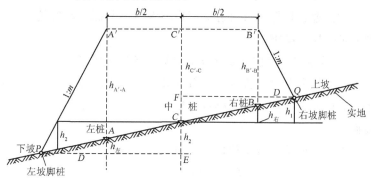

图 4-36　倾斜地面填方路堤坡脚放样

如用边桩放样坡脚桩，则按下式计算：

$$D_左＝h_{A'-A}m＋h_左 \; m＝（h_{A'-A}－h_左）m \quad （下坡方向）$$

$$D_右＝h_{B'-B}m＋h_右 \; m＝（h_{B'-B}－h_左）m \quad （上坡方向）$$

式中：$D_左$、$D_右$——符号意义同上；

　　　$h_{A'-A}$、$h_{B'-B}$——左边桩、右边桩填土高度；

　　　$h_左$、$h_右$——左右边桩实测高程与左右坡脚桩实地高程之差；

m——符号意义同上。

(2) 计算路堤坡脚点的坐标及放样方法。用公式计算路堤中桩至坡脚的平距，然后计算出路堤坡脚桩坐标。

$$D_{左}=\frac{1}{1-mn}\ (b/2+mh)\ (下坡方向)$$

$$D_{右}=\frac{1}{1+mn}\ (b/2+mh)\ (上坡方向)$$

式中：m——边坡坡度；

b——路面宽（m）；

h——某里程桩（中桩）处的填土高度（m）；

n——横断面 PQC 的原地面坡度。

(3) 填方路堤坡脚放样实用方法及步骤。施工初始，场地清理后及时放出中桩、边桩的实地位置；根据图中所量边桩至坡脚的平距，用皮尺自中桩沿中桩边桩方向线标定路堤原地面的坡脚桩；当填高 1.2 m（估计）时，恢复中桩、边桩，同时测出边桩实地高程。

用下式计算边桩至坡脚桩的平距：

$$D=(H_{设}-H_{测})m$$

式中：$H_{设}$——边桩的设计高程（路基）；

$H_{测}$——同一边桩的实测高程（路基施工进行中的填土面实地高程）；

m——路堤边坡坡度。

用皮尺在施工进行中的填土面，沿中桩至边桩方向线（目估）量出上式中的 D，用竹桩标定，即为上式 $H_{测}$ 高程时的坡脚。

每填一定高度，重复上述操作。

7. 填方路堤施工进行中的测量

(1) 协助现场施工人员控制填土厚度，保证填压精度。

(2) 每填筑高 5 m 应复测中线桩，测定其标高及宽度，以控制边坡的大小。

(3) 根据复测的中桩、边桩控制线路线形，根据复测的高程控制上填高度；路宽界限、重新标定的坡脚线及上填高度数据应告知现场施工人员。

（4）用坡度尺检控边坡坡面的坡度及平整度。在路堤填筑过程中，应用坡度尺检控路堤边坡的修整，使其达到设计要求的边坡比。通常情况下，路基填土高度小于 8 m 时，边坡比为 1∶1.5；如填土高 H 大于 8 m 时，上部 8 m 的边坡比为 1∶1.5，其下部为 1∶1.75。

（5）根据填土高度，进行路堤边坡平台放线。道路施工设计图要求，如 8 m＜填土高 H＜12 m，不设填方平台；如 12 m＜填土高 H＜20 m，在变坡处（8 m 处）设置 1.5 m 宽的填方平台。所以，在路堤上填过程中，应对平台放线。

8. 填方路堤零填方施工测量

（1）复放中桩、边桩平面位置，在其点旁打竹桩标志。

（2）用水准前视法测出其实地高程，如测桩旁地面高程，可在打桩时在桩旁固定一小石子，测高时将尺立于小石上，以方便量高划线。

（3）计算填土高度：$\pm h_{填} = H_{设} - H_{实}$。

（4）计算施工标高：$h_{施} = h_{填} Z$。式中 Z 为松铺系数，其值应由试验确定，或根据施工实践确定。

（5）将施工标高醒目地标在点位桩的侧面。实践中，常采用红色（或黑色或蓝色）油性笔将施工标高线条画在桩的侧面，通常情况下画两条线，下条线是路基设计高程，上条线是填土高度。经推平碾压后路基面应处在下条线位置。

9. 填方路堤边坡整修的测量

当填方路堤路基面达到设计高程位置，应及时对路堤两侧边坡进行整修，要做如下测量工作。

（1）复放左右边桩平面位置。

（2）用水准前视法测出所放桩位实地高程。

（3）计算：$D_i = (H_{i设} - H_{i实})m$，式中，m 为路堤边坡坡度，此时因路基已达到设计标高，所以 $D_i \leqslant (0.05 \sim 0.10) m$。

（4）将路基设计标高画在桩位侧面。

（5）将根据 D_i 确定的路基边缘线用石灰线明显标出。

（6）根据桩位画线及石灰线进行路堤边坡整修，在人工或挖掘机整修边坡时，应用坡度尺检控，使其边坡坡面坡度与设计坡度一致。

三、上面层施工测量

1. 上面层施工测量的外业工作

（1）恢复中桩、左右边桩。要求直线段每 15～20 m 设一桩，曲线段每 10～15 m 设一桩，并在两侧边缘处设指示桩。

（2）进行不平测量，用明显标志标出桩位的设计标高。

（3）严格掌握各结构层的厚度和高程，其路拱横坡应与面层一致。

2. 上面层中桩、边桩平面位置放样方法

（1）线路直线段皮尺（或钢尺）交会法加桩。直线段皮尺（或钢尺）交会法加桩，实际上就是几何中的"解直角三角形"。我们知道，在直角三角形中三边之间的关系为：

$$a^2 + b^2 = c^2 \ （勾股定理）$$

式中：a——假设为线路两中桩的平距（m）；

b——假设为线路中桩至边桩的距离（即半幅路宽，m）。

（2）线路曲线段中央纵距法加桩。图 4-37 中，已知半径 R，弦长 C（即曲线上 AB 两点之间的平距，在公路线路曲线段上就是两相邻桩位之间的平距），则只要求得 Y 值，就可定出 AB 弧长中点 K。

在 Rt$\triangle OBM$（或 Rt$\triangle OAM$）中：

$$J^2 = R^2 - (C/2)^2$$

则

$$Y = R - \sqrt{R^2 - (C/2)^2} = R - \sqrt{(R+C/2)(R-C/2)}$$

式中：R——曲线半径（m）；

C——相邻两里程桩之间的平距。

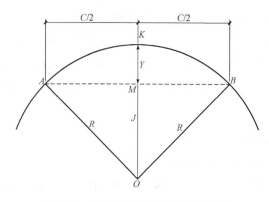

图 4-37　曲线段中央纵距法加桩示意

（3）现场补桩。上面层施工之前放好左、中、右各桩位后，在施工进行中，常因汽车压坏、推土机推掉或人为毁坏等原因需要现场立即补桩，在这种情况下应根据现场桩位间的几何关系进行补桩。

3. 上面层各结构层施工中的跟踪测量

跟踪测量就是紧跟在上面层各结构层摊铺作业后面的水准测量。它能及时发现摊铺过程中的超填、欠填，及时指导路面整修，使其达到设计高程，操作方法如下：

（1）当上面层摊铺一定距离，路面经碾压几遍基本定型后方可进行跟踪测量。

（2）在压路机碾压进行中，用皮尺拉距放出预测的点位，用扎线绳标记铁钉标志。通常情况下设中央分隔带的全幅路宽测6点，不设分隔带的全幅路宽测5点，具体间距根据要求确定。

（3）在跟踪测量前，应预先计算出预测点位的设计高程，填入跟踪测量记录表中，表的中部为预测点桩号及其设计高程，左为左半幅跟踪测量记录，右为右半幅跟踪测量记录。

（4）跟踪测量实施。将水准仪安置在施工段的适当位置，照准后视已知水准点处的塔尺，读数，记入跟踪测量记录表。当压路机暂停后，立即用水准前视法测记碾压段预测点的塔尺读数（前视读数）。测记完毕，通知压路机继续碾压，并立即计算测点实地高程和超填欠填数据，抄录在纸上交给施工人员，立即进行人工整修。人工整修过的地方经碾压后，再测1次实地高程，如还超限，则再整修，直至满足精度要求。

4. 上面层施工结束时的测量

（1）恢复中桩、边桩平面位置。

（2）进行中桩、边桩施工标高放样。

（3）在施工过程中，应对线路外形进行日常维护，外形尺寸检查的项目、频度和质量标准见表4-1。

表4-1　施工质量标准

工程类别	项目		频度	质量标准	
				高级公路和一级公路	一般公路
底基层	纵断高程/mm		二级及二级以下公路每20延米1点；高速公路和一级公路每20延米1个断面，每个断面3～5个点	+5，−15	+5，−20
	厚度/mm	均值	每1500～2000 m²6个点	−10	−12
		单个值		−25	−30
	宽度/mm		每40延米1处	+0以上	+0以上
	横坡度/(%)		每100延米1处	±0.3	±0.5
	平整度/mm		每200延米2处，每处连续10尺（3 m直尺）	12	15

四、管道中心线定位

1. 根据控制点进行管线定位

当在管道规划设计地形图上已经给出管道主点坐标，主点附近又有控制点时，应根据控制点定位。如现场无适当控制点可以利用，可沿管线近处布设控制导线。管线定位时，常采用极坐标法与角度交会法。其测角精度一般可采用30″，量距精度为1/5 000，并应分别计算测设点的点位误差。管线的起止点、转折点在地面测定以后，必须进行检查测量，实测各转折点的夹角，其与设计值的比差不得超过 $\pm 1'$。同时，应测量它们之间的距离，实量值与设计值的相对误差不得超过 $\pm 1'$，超过时必须予以合理调整。

2. 根据地面上已有建筑物进行管线定位

在城建区，管线走向一般都与道路中心线或建筑物轴线平行或垂直。当管线在现场直接选定或在大比例尺地形图上设计时，往往不给出坐标值，而是根据地物关系来确定主点的位置，按照设计提供的关系数据，即可进行管线定位。

五、管线高程控制测量

为了便于管线施工时引测高程及管线纵、横断面测量，应沿管线敷设临时水准点，水准点一般都选在既有建筑的墙角、台阶和基岩等处。如无适当地物，应提前埋设临时标桩作为水准点。

临时水准点应根据Ⅲ等水准点敷设，其精度不得低于Ⅳ等水准。临时水准点间距：自流管道和架空管道以 200 m 为宜，其他管线以 300 m 为宜。

六、管道中心线测量

管线起止点及各转折点定出以后，从线路起点开始量距，沿管道中心线每隔 50 m 钉 1 木桩（里程桩），如图 4-38 所示。

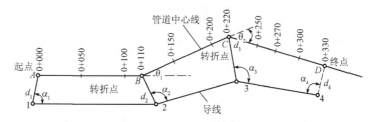

图 4-38　管道中心线测量

按照不同精度要求，可用钢尺或皮尺量距离，钢尺量距时用经纬仪定线。起点桩编号为 0＋000，如每隔 50 m 钉 1 个中心桩，则以后各桩依次编号为 0＋050、0＋100、……；如遇地形变化的地方，应设加桩，如编号为 0+270。如终点桩编号为 0+330，表示此桩离开起点 330 m。桩号用红漆写在木桩侧面。

七、管道断面测量

1. 纵断面测量

根据管线附近敷设的水准点，用水准仪测出中线上各里程桩和加桩处的地面高程，然后根据测得的高程和相应的里程桩号绘制纵断面图。纵断面图表示出管道中心线上地面的高低起伏和坡度陡缓情况。

2. 横断面测量

横断面测量就是测出各桩号处垂直于中心线两侧一定距离内地面变坡点的距离和高程，然后绘制成横断面图。在管径较小、地形变化不大、埋深较浅时一般不做横断面测量，只依据纵断面估算土方。

八、地下管线测量

地下管道开挖中心线及施工控制桩的测设是根据管线的起止点和各转折点，测设管线沟的挖土中心线，一般为 20 m 测设 1点。中心线的投点允许偏差为 ±10 mm。量距的往返相对闭合差不得大于 1/2 000。管道中心线定出以后，就可以根据中心线位置和槽口开挖宽度在地面上洒灰线标明开挖边界。在测设中心线时，应同时定出井位等附属构筑物的位置。由于管道中心线桩在施工中要被挖掉，为了便于恢复中心线和附属构筑物的位置，应在不受施工干扰、易于保存桩位的地方测设施工控制桩。管线施工控制桩分为中心线控制桩和井位控制桩 2 种。中心线控制桩一般是测设在主点中心线的延长线上。井位控制桩则测设于管道中心线的垂直线上，如图 4-39 所示。控制桩可采用大木桩，钉好后必须采取适当的保护措施。

由横断面设计图查得左右两侧边桩与中心桩的水平距离，如图 4-40 中的 a 和 b，施测时在中心桩处插立方向架测出横断面位置；在断面方向上，用皮尺抬平量定 A、B 点位置，各钉立一个

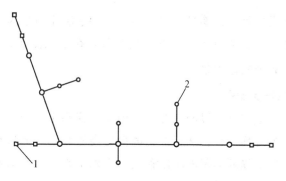

图 4-39　管线控制桩

1—中心线控制桩；2—井位控制桩

边桩。相邻断面同侧边桩的连线即为开挖边线，用石灰放出灰线，作为开挖的界限。开挖边线的宽度是根据管径大小、埋设深度和土质等情况确定的。如图 4-41 所示，当地面平坦时，开挖槽口宽度采用下式计算：

$$d = b + 2mh$$

式中：b——槽底宽度；

h——挖土深度；

m——边坡坡度。

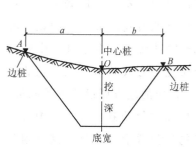

图 4-40　横断面测设示意

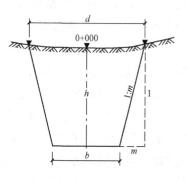

图 4-41　开槽断面

坡度板又称龙门板，在每隔 10 m 或 20 m 槽口上设置 1 个坡度板，如图 4-42 所示。坡度板必须稳定、牢固，其顶面应保持水平。用经纬仪将中心线位置测设到坡度板上，钉上中心钉；

安装管道时，可在中心钉上悬挂垂球，确定管中心线的位置。以中心钉为准，放出混凝土垫层边线、开挖边线及沟底边线。

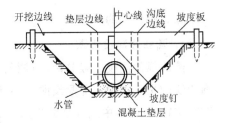

图 4-42　坡度板设置

为了控制管槽的开挖深度，应根据附近水准点测出各坡度板顶的高程。管底设计高程可在横断面设计图上查得。坡度板顶与管底设计高程之差称为下返数，由于下返数往往非整数，而且各坡度板的下返数都不同，施工检查时很不方便。为了使 1 段管道内的坡度板具有相同的下返数（预先确定的下返数），可按下式计算每 1 坡度板顶向上或向下量取的调整数：

调整数＝预先确定下返数－（板顶高程－管底设计高程）

地下管线施工测量允许偏差。自流管的安装标高或底面模板标高每 10 m 测设一点（不足时可加密）；其他管线每 20 m 测设一点。管线的起止点、转折点、窨井和埋设件均应加测标高点。各类管线安装标高和模板标高的测量允许偏差，应符合表 4-2 的规定。

表 4-2　各类管线安装标高和模板标高的测量允许偏差

管线类别	标高允许偏差/mm
自流管（下水道）	±3
气体压力管	±5
液体压力管	±10
电缆地沟	±10

管线的地槽标高，可根据施工程序分别测设挖土标高和垫层面标高，其测量允许偏差为±10 mm。

地槽竣工后，应根据管线控制点投测管线的安装中心线或模板中心线，其投点允许偏差为±5 mm。

九、圆曲线的测设

1. 圆曲线测设步骤

圆曲线的测设一般分两步进行：首先测设曲线的主点，称为圆曲线的主点测设，即测设曲线的起点（又称为直圆点，通常以缩写 ZY 表示）、中点（又称为曲中点，通常以缩写 QZ 表示）和终点（又称为圆直点，通常以缩写 YZ 表示）；然后在已测定的主点之间进行加密，按规定桩距测设曲线上的其他各桩点，称为曲线的详细测设。

2. 圆曲线的主点测设

（1）圆曲线测设元素的计算。如图 4-43 所示，设交点（JD）的转角为 a，假定在此所设的圆曲线半径为 R，则曲线的测设元素切线长 T、轴线长 L、外距 E 和切曲差 D，按下列公式计算：

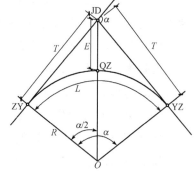

图 4-43　圆曲线的主点测设

$$切线长：T = R\tan\frac{\alpha}{2}$$

$$曲线长：L = R\alpha\frac{\pi}{180°}（\alpha \text{ 的单位应换算成 rad}）$$

$$外距：E = \frac{R}{\cos\dfrac{\alpha}{2}} - R = R\left(\sec\frac{\alpha}{2} - 1\right)$$

$$切曲差：D = 2T - L$$

（2）主点里程的计算。交点（JD）的里程由中心线测量得到，依据交点的里程和计算的曲线测设元素，即可计算出各主点的里程，如图 4-43 所示可知：

ZY 里程＝JD 里程－T

YZ 里程＝ZY 里程＋L

QZ 里程＝YZ 里程－$L/2$

JD 里程＝QZ 里程＋$D/2$

（3）主点的测设。圆曲线的测设元素和主点里程计算出后，按下述步骤进行主点测设：

①曲线起点（ZY）的测设。测设曲线起点时，将仪器置于交点 i（JD_i）上，望远镜照准后一交点 $i-1$（JD_{i-1}）或此方向上的转点，沿望远镜视线方向量取切线长 T，得曲线起点 ZY，暂时插一测钎标志。然后用钢尺测量 ZY 至最近一个直线桩的距离，如两桩号之差等于所测量的距离或相差在允许范围内，即可在测钎处打下 ZY 桩。如超出允许范围，应查明原因，重新测设，以确保桩位的正确性。

②曲线终点（YZ）的测设。在曲线起点（ZY）的测设完成后，转动望远镜照准前一交点 JD_{i+1} 或此方向上的转点，往返量切线长 T，得曲线终点（YZ），打下 YZ 桩即可。

③曲线中点（QZ）的测设。测设曲线中点时，可自交点 i（JD_i）沿分角线方向量取外距 E，打 QZ 桩即可。

十、圆曲线设桩

1. 整桩号法

将曲线上靠近起点（ZY）的第一个桩的桩号凑整成为大于 ZY 点桩号的 l_0 的最小倍数的整桩号，然后按桩距 l_0 连续向曲线终点 YZ 设桩。这样设置的桩的桩号均为整数。

2. 整桩距法

从曲线起点 ZY 和终点 YZ 开始，分别以桩距 l_0 连续向曲线中点 QZ 设桩。由于这样设置的桩的桩号一般为"破碎桩号"，因此在实测中应注意加设百米桩和公里桩。

十一、圆曲线测设

1. 切线支距法

切线支距法（又称直角坐标法）是以曲线的起点 ZY（对于前半曲线）或终点 YZ（对于后半曲线）为坐标原点，以过曲线的起点 ZY 或终点 YZ 的切线为 x 轴，过原点的半径为 y 轴，按曲线上各点的坐标设置曲线上各点的位置。

如图 4-44 所示，设 P_i 为曲线上欲测设的点位，该点至 ZY 点或 YZ 点的弧长为 l_i，φ_i 为 l_i 所对的圆心角，R 为圆曲线半径，则 P_i 点的坐标按下式计算：

$$x_i = R\sin\varphi_i$$

$$y = R(1-\cos\varphi_i) = x_i\tan\frac{\varphi_i}{2}$$

式中：

$$\varphi_i = \frac{l_i}{R}\text{rad}$$

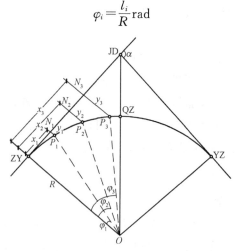

图 4-44　切线支距法详细测设圆曲线

用切线支距法详细测设圆曲线时，为了避免支距过长，一般是从 ZY 点和 YZ 点分别向 QZ 点施测，测设步骤如下：

（1）从 ZY 点（或 YZ 点）用钢尺或皮尺沿切线方向量取 P_i 点的横坐标 x_i，得垂足点 N_i。

（2）在垂足点 N_i 上，用方向架或经纬仪定出切线的垂直方向，沿垂直方向量出 Y_i，即得到待测定点 P_i。

（3）曲线上各点测设完毕后，应量取相邻各桩之间的距离，并与相应的桩号之差作比较，若差值均在限差之内，则曲线测设合格；否则应查明原因，予以纠正。

2. 偏角法

偏角法是以曲线起点（ZY）或终点（YZ）至曲线上待测设点 P_i 的弦线与切线之间的弦切角 Δ_i 和弦长 c_i 来确定 P_i 点的位置。

如图 4-45 所示，依据几何原理，偏角 Δ_i 等于相应弧长所对的圆心角 φ_i 的一半，即：

$$\Delta_i = \varphi_i / 2$$

则：

$$\Delta_i = \frac{l_i}{2R} \mathrm{rad}$$

弦长 c 可按下式计算：

$$c = 2R\sin\frac{\varphi_i}{2} = 2R\sin\Delta_i$$

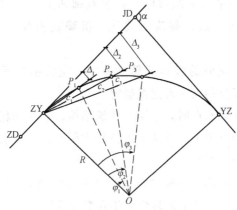

图 4-45　偏角法详细测设圆曲线

3. 极坐标法

用极坐标法测设曲线的测设数据主要是计算圆曲线主点和细部点的坐标，然后根据测站点和主点或细部点之间的坐标，反算出测站点至待测点的直线方位角和两点间的平距，依据计算出的方位角和平距进行测设，其操作步骤如下：

（1）圆曲线主点坐标计算。如图 4-45 所示，若已知 ZD 和 JD 的坐标，则可按公式 $\alpha_{1-2} = \arctan\dfrac{y_2 - y_1}{x_2 - x_1}$ 计算出第一条切线（图中

的 ZY—JD 方向线）的方位角；再由路线的转角（或右角）推算出第二条切线（图中的 JD—YZ 方向线）和分角线的方位角。

（2）圆曲线细部点坐标计算。由已知计算出的第一条切线的方位角 α_1 和待测设桩点的偏角 Δ_i，计算出曲线起点（ZY）至各待测设桩点方向线的方位角，再由 ZY 点到各桩点的长弦长，计算出各待测设桩点的坐标。

>>> 第四节　建筑物变形测量 <<<

一、沉降观测一般要求

建筑沉降观测可根据需要，分别或组合测定建筑场地沉降、基坑回弹、地基土分层沉降，以及基础和上部结构沉降。对于深基础建筑或高层、超高层建筑，沉降观测应从基础施工时开始。

各类沉降观测的级别和精度要求，应根据工程的规模、性质，以及沉降量的大小及速度确定。

布设沉降观测点时，应结合建筑结构、形状和场地工程地质条件，并应顾及施工和建成后的使用方便。同时，点位应易于保存，标志应稳固美观。

各类沉降观测应根据《建筑变形测量规范》（JGJ 8—2007）的规定及时提交相应的阶段性成果和综合成果。

二、沉降观测点的要求

观测点本身应牢固稳定，确保点位安全，能长期保存。

观测点的上部必须为突出的半球形状或有明显的突出之处，与柱身或墙身保持一定的距离。

要保证在点上能垂直置尺和拥有良好的通视条件。

三、沉降观测点的形式与埋设

1. 设备基础观测点的形式及埋设

一般利用铆钉或钢筋来制作，然后将其埋入混凝土内，其形式如下：

（1）垫板式。在长 60 mm、直径 20 mm 的铆钉下面焊 40 mm×40 mm×5 mm 的钢板，如图 4-46（a）所示。

（2）弯钩式。将长约 100 mm、直径 20 mm 的铆钉的一端弯成直角，如图 4-46（b）所示。

（3）燕尾式。将长 80～100 mm、直径 20 mm 的铆钉的尾部中间劈开，做成夹角为 30°左右的燕尾形，如图 4-46（c）所示。

（4）U 字式。将直径 20 mm、长约 220 mm 的钢筋弯成"U"形，倒埋在混凝土之中，如图 4-46（d）所示。

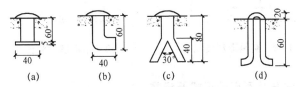

图 4-46　设备基础观测点的形式

如观测点的使用时间较长，应埋设带保护盖的永久性观测点，如图 4-47（a）所示。对于一般工程，可将直径 20～30 mm 的铆钉或钢筋头（上部锉成半球状）埋置于混凝土中作为观测点，如图 4-47（b）所示。

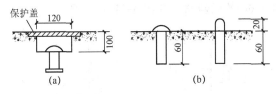

图 4-47　永久性观测点

2. 建筑沉降观测点的形式和埋设

（1）预制墙式观测点，如图 4-48 所示，由混凝土预制而成，其大小可做成普通黏土砖规格的 1～3 倍，中间嵌以角钢，角钢棱角向上，并在一端露出 50 mm。在砌砖墙勒脚时，将预制块砌入墙内，角钢露出端与墙面夹角

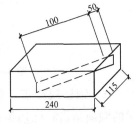

图 4-48　预制墙式观测点

为 500～600。

（2）将直径 20 mm 的钢筋的一端弯成 90°角，另一端制成燕尾形埋入墙内，如图 4-49 所示。

（3）在长 120 mm 的角钢的一端焊一铆钉头，另一端埋入墙内，并以 1：2 水泥砂浆填实，如图 4-50 所示。

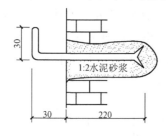

图 4-49　燕尾形观测点　　　　图 4-50　角钢埋设观测点

3. 柱身观测点的形式及设置

（1）钢筋混凝土柱观测点。用钢凿在柱子±0.000 标高以上的 10～50 cm 处凿洞（或在预制时留孔），将直径 20 mm 以上的钢筋或铆钉制成弯钩形，平向插入洞内，再以 1：2 水泥砂浆填实，如图 4-51（a）所示。也可用角钢作为标志，埋设时使其与柱面成 50°～60°的倾斜角，如图 4-51（b）所示。

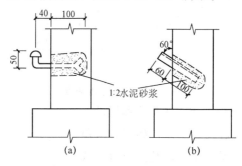

图 4-51　钢筋混凝土柱观测点

（2）钢柱观测点。将角钢的一端切成使脊背与柱面成 50°～60°的倾斜角，将此端焊在钢柱上，如图 4-52（a）所示；或将铆钉弯成钩形，将其一端焊在钢柱上，如图 4-52（b）所示。

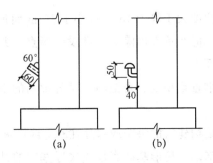

图 4-52　钢柱观测点

4. 注意事项

（1）铆钉或钢筋埋在混凝土中露出的部分，不宜过高或太低，过高易被碰斜撞弯，过低不易寻找，而且水准尺置在点上会与混凝土面接触，影响观测质量。

（2）观测点应垂直埋设，与基础边缘的间距不得小于 50 mm，埋设后将四周混凝土压实，等混凝土凝固后用红油漆编号。

（3）埋点应在基础混凝土将达到设计标高时进行。如混凝土已凝固而须增设观测点时，可用钢凿在混凝土面上确定的位置凿一洞，将标志埋入，再以 1∶2 水泥砂浆灌实。

四、建筑沉降观测

1. 沉降观测的内容

建筑沉降观测应测定建筑与地基的沉降量、沉降差及沉降速度，并计算基础倾斜、局部倾斜、相对弯曲及构件倾斜。

2. 沉降观测点的布置

（1）建筑的四角、核心筒四角、大转角处及沿外墙每 10～15 m 处或每隔 2～3 根柱基上。

（2）高低层建筑，新旧建筑，纵、横墙等交接处的两侧。

（3）建筑裂缝、后浇带和沉降缝两侧、基础埋深相差悬殊处、人工地基与天然地基接壤处、不同结构的分界处及填挖方分界处。

（4）对于宽度大于等于 15 m 或小于 15 m 而地质复杂及膨胀土地区的建筑，应在承重内隔墙中部设内墙点，并在室内地面中心及四周设地面点。

（5）邻近堆置重物处、受振动有显著影响的部位及基础下的暗浜（沟）处。

（6）框架结构建筑的每个或部分柱基上或沿纵、横轴线上。

（7）筏形基础、箱形基础底板或接近基础的结构部分的四角处及其中部位置。

（8）重型设备基础和动力设备基础的四角、基础形式或埋深改变处，以及地质条件变化处两侧。

（9）对于电视塔、烟囱、水塔、油罐、炼油塔、高炉等高耸建筑，应设在沿周边与基础轴线相交的对称位置上，点数不少于4个。

3. 沉降观测的标志

可根据不同的建筑结构类型和建筑材料，采用墙（柱）标志、基础标志和隐蔽式标志等形式。各类标志的立尺部位应加工成半球形或有明显的突出点，并涂上防腐剂。标志的埋设位置应避开雨水管、窗台线、散热器、暖水管、电气开关等有碍设标与观测的障碍物，并应根据立尺需要离开墙（柱）面和地面一定距离。隐蔽式沉降观测点标志的形式可按规定采用。当应用静力水准测量方法进行沉降观测时，观测标志的形式及其埋设，应根据采用的静力水准仪的型号、结构、读数方式及现场条件确定。标志的规格尺寸设计，应满足仪器安置的要求。

4. 沉降观测的周期和观测时间

（1）建筑施工阶段的观测，应随施工进度及时进行。普通建筑，可在基础完工后或地下室砌完后开始观测；大型建筑、高层建筑，可在基础垫层或基础底部完成后开始观测。观测次数与间隔时间应根据地基与加荷情况确定。民用高层建筑可每加高 1～5 层观测 1 次，工业建筑可按不同施工阶段（如回填基坑、安装柱子和屋架、砌筑墙体、设备安装等）分别进行观测。如建筑施工均匀增高，应至少在增加荷载的 25％、50％、75％ 和 100％ 时各测 1 次。施工过程中如暂时停工，在停工时及重新开工时应各观测 1 次。停工期间可每隔 2～3 个月观测 1 次。

（2）建筑使用阶段的观测次数，应根据地基土类型和沉降速率确定。除有特殊要求外，可在第一年观测 3～4 次，第二年观测 2～3 次，第三年后每年观测 1 次，直至稳定为止。

（3）在观测过程中，如有基础附近地面荷载突然增减、基础四周大量积水、长时间连续降雨等情况，均应及时增加观测次数。当建筑突然发生大量沉降、不均匀沉降或严重裂缝时，应立即进行逐日或 2～3 d 一次的连续观测。

（4）建筑沉降是否进入稳定阶段，应由沉降量与时间的关系曲线判定。当最后 100 d 的沉降速率小于 0.01～0.04 mm/d 时，可认为已进入稳定阶段，具体取值宜根据各地区地基土的压缩性能确定。

5. 沉降观测的作业方法和技术要求

（1）对特级、一级沉降观测，应按《建筑变形测量规范》（JGJ 8—2007）第 4.4 节的规定执行。

（2）对二级、三级沉降观测，除建筑的转角点、交接点、分界点等主要变形特征点外，允许使用间视法进行观测，但视线长度不得大于相应等级规定的长度。

（3）观测时，仪器应避免安置在有空气压缩机、搅拌机、卷扬机、起重机等振动影响的范围内。

（4）每次观测应记载施工进度、荷载量变动、建筑倾斜裂缝等各种影响沉降变化和异常的情况。

6. 观测数据的整理

每周期观测后，应及时对观测资料进行整理，计算观测点的沉降量、沉降差，以及本周期平均沉降量、沉降速率和累积沉降量。根据需要，可按下式计算基础或构件的倾斜或弯曲量。

(1) 基础或构件倾斜度 α。

$$\alpha = (s_A - s_B)/L$$

式中：s_A、s_B——基础或构件倾斜方向上 A、B 两点的沉降量 （mm）；

L——A、B 两点间的距离（mm）。

（2）基础相对弯曲度 f_c。

$$f_c = [2s_0 - (s_1 + s_2)]/L$$

式中：s_0——基础中点的沉降量（mm）；

s_1、s_2——基础两个端点的沉降量（mm）；

L——基础两个端点间的距离（mm）。

注：弯曲量以向上起为正，反之为负。

7. 沉降观测提交图表

（1）工程平面位置图及基准点分布图。

（2）沉降观测点位分布图。

（3）沉降观测成果表。

（4）时间、荷载、沉降量曲线图。

（5）等沉降曲线图。

五、位移观测的一般规定

建筑位移观测可根据需要，分别或组合测定建筑的主体倾斜、水平位移、挠度和基坑壁侧向位移，并对建筑场地滑坡进行监测。

位移观测应根据建筑的特点和施测要求做好观测方案的设计与技术准备工作，并取得委托方及有关人员的配合。

位移观测的标志应根据不同建筑的特点进行设计，标志应牢固、适用、美观。若受条件限制或对于高耸建筑，也可选定变形体上特征明显的塔尖、避雷针、圆柱（球）体边缘等作为观测点。对于基坑等临时性结构或岩土体，标志应坚固、耐用、便于保护。

位移观测可根据现场作业条件和经济因素选用视准线法、测角交会法或方向差交会法、极坐标法、激光准直法、投点法、测小角法、测斜法、正倒垂线法、激光位移计自动测记法、GPS法、激光扫描法或近景摄影测量法等。

各类建筑位移观测应根据《建筑变形测量规范》（JGJ 8—2016）的规定及时提交相应的阶段性成果和综合成果。

六、建筑主体倾斜观测

1. 观测点和测站点的布设

（1）当从建筑外部观测时，测站点的点位应选在与倾斜方向成正交的方向线上距照准目标 1.5～2.0 倍目标高度的固定位置。当利用建筑内部的竖向通道观测时，可将通道底部中心点作为测站点。

（2）对于整体倾斜，观测点及底部固定点应沿着对应测站点的建筑主体竖直线，在顶部和底部上下对应布设；对于分层倾斜，应按分层部位上下对应布设。

（3）按前方交会法布设的测站点，基线端点的选设应顾及测距或长度测量的要求。按方向线水平角法布设的测站点，应设置好定向点。

2. 观测点位的标志

（1）建筑顶部和墙体上的观测点标志可采用埋入式照准标志。当有特殊要求时，应专门设计。

（2）不便埋设标志的塔形、圆形建筑，以及竖直构件，可以照准视线所切同高边缘确定的位置或用高度角控制的位置作为观测点位。

（3）位于地面的测站点和定向点，可根据不同的观测要求，使用带有强制对中装置的观测墩或混凝土标石。

（4）对于一次性倾斜观测项目，观测点标志可采用标记形式或直接利用满足位置与照准要求的建筑特征部位，测站点可采用小标石或临时性标志。

3. 主体倾斜观测的精度

根据给定的倾斜量允许值，按《建筑变形测量规范》（JGJ

8—2016）的规定确定。当由基础倾斜间接确定建筑整体倾斜时，基础差异沉降的观测精度应按相关规范的规定确定。

4. 主体倾斜观测的周期

根据倾斜速度每1～3个月观测一次。当遇基础附近因大量堆载或卸载、场地降雨长期积水等而导致倾斜速度加快时，应及时增加观测次数。倾斜观测应避开强日照和风荷载影响大的时间段。

5. 建筑主体倾斜观测的方法

进行建筑主体倾斜观测时，按表4-3的方法进行观测。

表 4-3   建筑主体倾斜观测

类型	方法	操作
从建筑或构件的外部观测主体倾斜	投点法	观测时，应在底部观测点位置安置水平读数尺等量测设施。在每测站安置经纬仪投影时，应按正倒镜法测出每对上下观测点标志间的水平位移分量，再按矢量相加法求得水平位移值（倾斜量）和位移方向（倾斜方向）
	测水平角法	对塔形、圆形建筑或构件，每测站的观测应以定向点作为零方向，测出各观测点的方向值及至底部中心的距离，计算顶部中心相对底部中心的水平位移分量。对矩形建筑，可在每测站直接观测顶部观测点与底部观测点之间的夹角或上层观测点与下层观测点之间的夹角，以所测角值与距离值计算整体的或分层的水平位移分量和位移方向
	前方交会法	所选基线应与观测点组成最佳构形，交会角宜在60°～120°之间。水平位移计算，可采用直接由两周期观测方向值之差解算坐标变化量的方向差交会法；也可采用按每周期计算观测点坐标值，再以坐标差计算水平位移的方法
利用建筑或构件的顶部与底部之间的竖向通视条件观测主体倾斜	激光铅直仪观测法	应在顶部适当位置安置接收靶，在其垂线下的地面或地板上安置激光铅直仪或激光经纬仪，按一定周期观测，在接收靶上直接读取或量出顶部的水平位移量和位移方向。作业中仪器应严格置平、对中，应旋转180°观测两次取其中数。对超高层建筑，当仪器设在楼体内部时，应考虑大气湍流影响
	激光位移计自动记录法	位移计宜安置在建筑底层或地下室地板上，接收装置可设在顶层或需要观测的楼层，激光通道可利用未使用的电梯井或楼梯间隔，测试室宜选在靠近顶部的楼层内。当位移计发射激光时，从测试室的光线示波器上可直接获取位移图像及有关参数，并自动记录成果

类型	方法	操作
利用建筑或构件的顶部与底部之间的竖向通视条件观测主体倾斜	正、倒垂线法	垂线宜选用直径 0.6～1.2 mm 的不锈钢丝或因瓦丝，并采用无缝钢管进行保护。采用正垂线法时，垂线上端可锚固在通道顶部或所需高度处设置的支点上。采用倒垂线法时，垂线下端可固定在锚块上，上端设浮筒，用来稳定重锤，浮子的油箱中应装有阻尼液。观测时，由观测墩上安置的坐标仪、光学垂线仪、电感式垂线仪等量测设备，按一定周期测出各测点的水平位移量
	吊垂球法	应在顶部或所需高度处的观测点位置上，直接或支出一点悬挂适当质量的垂球，在垂线下的底部固定毫米格网读数板等读数设备，直接读取或量出上部观测点相对底部观测点的水平位移量和位移方向
利用相对沉降量间接确定建筑整体倾斜	倾斜仪测记法	可采用水管式倾斜仪、水平摆倾斜仪、气泡倾斜仪或电子倾斜仪进行观测。倾斜仪应具有连续读数、自动记录和数字传输的功能。监测建筑上部层面倾斜时，仪器可安置在建筑顶层或需要观测的楼层的楼板上。监测基础倾斜时，仪器可安置在基础面上，以所测楼层或基础面的水平倾角变化值反映和分析建筑倾斜的变化程度
	测定基础沉降差法	可按《建筑变形测量规范》（JGJ 8—2016）的规定，在基础上选设观测点，采用水准测量方法，以所测各周期基础的沉降差换算求得建筑整体倾斜度及倾斜方向

6. 倾斜观测提交图表

（1）倾斜观测点位布置图。

（2）倾斜观测成果表。

（3）主体倾斜曲线图。

七、建筑水平位移观测

建筑水平位移观测点的位置应选在墙角、柱基及裂缝两边等处。标志可采用墙上标志，具体形式及埋设应根据点位条件和观测要求确定。

水平位移观测的周期，对于不良地基土地区的观测，可与一并进行的沉降观测协调确定；对于受基础施工影响的有关观测，应按施工进度的需要确定，可逐日或隔 2～3 d 观测一次，直至施工结束。

当测量地面观测点在特定方向的位移时，可使用视准线、激光准直、测边角等方法。

当采用视准线法测定位移时，在视准线两端各自向外的延长线上，宜埋设检核点。在观测成果的处理中，应顾及视准线端点的偏差改正。

采用活动觇牌法进行视准线测量时，观测点偏离视准线的距离不应超过活动觇牌读数尺的读数范围。应在视准线一端安置经纬仪或视准仪，瞄准安置在另一端的固定觇牌进行定向，待活动觇牌的照准标志正好移至方向线上时即可读数。每个观测点应按确定的测回数进行往测与返测。

采用小角法进行视准线测量时，视准线应按平行于待测建筑边线布置，观测点偏离视准线的偏角不应超过 30″。偏离值 d（见图 4-53）可按下式计算：

$$d = \frac{\alpha}{\rho} D$$

式中：α——偏角（″）；

D——从观测端点到观测点的距离（m）；

ρ——常数，其值为 206 265。

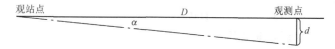

图 4-53 小角法

使用激光经纬仪准直法时，当要求具有 $10^{-5}\sim10^{-4}$ 量级准直精度时，可采用 DJ_2 级仪器配置氦-氖激光器或半导体激光器的激光经纬仪及光电探测器或目测有机玻璃方格网板；当要求达到 10^{-6} 量级精度时，可采用 DJ_1 级仪器配置高稳定性氦-氖激光器或半导体激光器的激光经纬仪及高精度光电探测系统。

对于较长距离的高精度准直，可采用三点式激光衍射准直系统或衍射频谱成像及投影成像激光准直系统。对短距离的高精度准直，可采用衍射式激光准直仪或连续成像衍射板准直仪。

当采用测边角法测定位移时，对主要观测点，可以该点为测站测出对应视准线端点的边长和角度，求得偏差值。对其他观测点，可选适宜的主要观测点作为测站，测出对应其他观测点的距离与方向值，按坐标法求得偏差值。角度观测测回数与长度的测量精度要求，应根据要求的偏差值观测中误差确定。

测量观测点任意方向位移时，可根据观测点的分布情况，采用前方交会或方向差交会及极坐标等方法。单个建筑也可采用直接量测位移分量的方向线法，在建筑纵、横轴线的相邻延长线上设置固定方向线，定期测出基础的纵向和横向位移。

对于观测内容较多的大测区或观测点远离稳定地区的测区，宜采用测角、测边、边角及 GPS 与基准线法相结合的综合测量方法。

水平位移观测应提交水平位移观测点位布置图、水平位移观测成果表、水平位移曲线图。

八、一般建筑物的倾斜观测

1. 直接观测法

在观测之前，要用经纬仪在建筑物同一个竖直面的上、下部位各设置 1 个观测点，如图 4-54 所示，M 为上观测点，N 为下

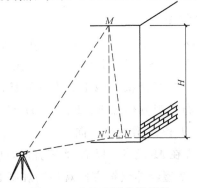

图 4-54　直接观测法测倾斜

观测点。如果建筑物发生倾斜，则 MN 连线随之倾斜。观测时，在距离大于建筑物高度的地方安置经纬仪，照准上观测点 M，用盘左、盘右分中法将其向下投测得 N' 点，如 N' 与 N 点不重合，则说明建筑物产生倾斜，N' 点与 N 点之间的水平距离 d 即为建筑物的倾斜值。若建筑物高度为 H，则建筑物的倾斜度为：

$$i = \frac{d}{H}$$

2. 间接观测法

建筑物发生倾斜，主要是地基的不均匀沉降造成的，如通过沉降观测测出了建筑物的不均匀沉降量 Δh，如图 4-55 所示，则偏移值 δ 可由下式计算：

$$\delta = \frac{\Delta h}{L} H$$

式中：δ——建筑物上、下部相对偏移值；

　　　Δh——基础两端点的相对沉降量；

　　　L——建筑物的基础宽度；

　　　H——建筑物的高度。

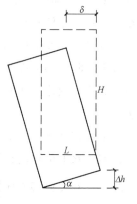

图 4-55　间接观测法测倾斜

九、塔式构筑物的倾斜观测

1. 纵、横轴线法

如图 4-56 所示，以烟囱为例，先在拟测建筑物的纵、横两轴线方向上距建筑物 1.5～2 倍建筑物高度处选定 2 个点作为测站，图中为 M_1 和 M_2。在烟囱横轴线上布设观测标志 A、B、C、D 点，在纵轴线上布设观测标志 E、F、G、H 点，并选定远方通视良好的固定点 N_1 和 N_2 作为零方向。

观测时，首先在 M_1 设点，以 N_1 为零方向，以 A、B、C、D 为观测方向，用 J2 型经纬仪按方向观测法观测 2 个测回（或用 J6 型经纬仪观测四个测回），得方向值分别为 β_A、β_B、β_C、β_D，

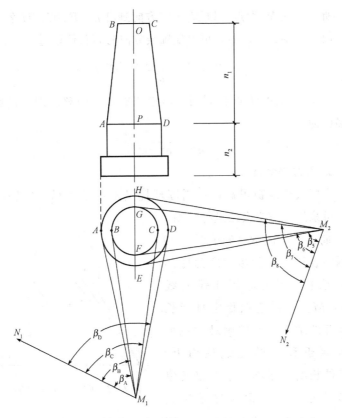

图 4-56　纵、横轴线法测倾斜

则上部中心 O 的方向值为 $(\beta_B + \beta_C)/2$，下部中心 P 的方向值为 $(\beta_A + \beta_D)/2$，则 O、P 在纵轴线方向的水平夹角 θ_1 为：

$$\theta_1 = \frac{(\beta_A + \beta_D) - (\beta_B + \beta_C)}{2}$$

若已知 M_1 点至烟囱底座中心的水平距离 L_1，则在纵轴线方向的倾斜位移量 δ_1 为：

$$\delta_1 = \frac{\theta_1}{\rho''} L_1$$

则：

$$\delta_1 = \frac{(\beta_A + \beta_D) - (\beta_B + \beta_C)}{2\rho''} L_1$$

职业技能培训教材·建筑工程系列

测量放线工

所以，在 M_2 设点，以 N_2 为零方向测出 E、F、G、H 各点的方向值 β_E、β_F、β_G、β_H，可得横轴线方向的倾斜位移量 δ_2 为：

$$\delta_2 = \frac{(\beta_E + \beta_H) - (\beta_F + \beta_C)}{2\rho''} L_2$$

其中，L_2 为 M_2 点至烟囱底座中心的水平距离。则总倾斜的偏移值为：

$$\delta = \sqrt{\delta_1^2 + \delta_2^2}$$

2. 前方交会法

当塔式构筑物很高，且周围环境又不便采用纵、横轴线法时，可采用前方交会法进行观测。

如图 4-57 所示（俯视图），O 为烟囱顶部中心位置，O' 为底部中心位置，烟囱附近布设基线 MN，M、N 需选在稳定且能长期保存的地方，条件困难时也可选在附近稳定的建筑顶面上。MN 的长度一般不大于 5 倍的建筑物高度，交会角应尽量接近

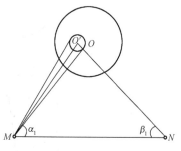

图 4-57　前方交会法测倾斜

$60°$。首先安置经纬仪于 M 点，测顶部 O' 两侧切线与基线的夹角，取其平均值，如图 4-57 中的 α_1；再安置经纬仪于 N 点，测顶部 O' 两侧切线与基线的夹角，取其平均值，如图 4-57 中的 β_1，利用前方交会公式计算出 O' 的坐标，同法可得 O 点的坐标，则 O'、O 两点间的平距 $D_{OO'}$，可由坐标反算公式求得，实际上 $D_{OO'}$，即为倾斜偏移值 δ。

十、挠度观测

建筑基础和建筑主体，以及墙、柱等独立构筑物的挠度观测，应按一定的周期测定其挠度值。

挠度观测的周期应根据荷载情况并考虑设计、施工要求确定。观测的精度可按有关规定确定。

162

建筑基础挠度观测可与建筑沉降观测同时进行。观测点应沿基础的轴线或边线布设，每一轴线或边线上不得少于 3 点。标志设置、观测方法应符合《建筑变形测量规范》（JGJ 8—2017）的规定。

建筑主体挠度观测，除观测点应按建筑结构类型在各不同高度或各层处沿一定垂直方向布设外，其标志设置、观测方法应符合《建筑变形测量规范》（JGJ 8—2017）的规定。挠度值应由建筑上不同高度点相对于底部固定点的水平位移值确定。

独立构筑物的挠度观测，除可采用建筑主体挠度观测要求外，当观测条件允许时，也可用挠度计、位移传感器等设备直接测定挠度值。

挠度值及跨中挠度值应按下列公式计算。

挠度值 f_d 应按下列公式计算（见图 4-58）。

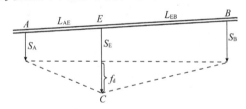

图 4-58　挠度

$$f_d = \Delta s_{AE} - \frac{L_{AE}}{L_{AE} + L_{EB}} \Delta s_{AB}$$

$$\Delta s_{AE} = s_E - s_A$$

$$\Delta s_{AB} = s_B - s_A$$

式中：s_A、s_B——基础上 A、B 点的沉降量或位移量（mm）；

　　　s_E——基础上 E 点的沉降量或位移量（mm），E 点位于 A、B 两点之间；

　　　L_{AE}——A、E 之间的距离（m）；

　　　L_{EB}——E、B 之间的距离（m）。

跨中挠度值 f_{dc} 应按下列公式计算。

$$f_{dc} = \Delta s_{10} - \frac{1}{2} \Delta s_{12}$$

$$\Delta s_{10} = s_0 - s_1$$
$$\Delta s_{12} = s_2 - s_1$$

式中：s_0——基础中点的沉降量或位移量（mm）；

　　s_1、s_2——基础 2 个端点的沉降量或位移量（mm）。

挠度观测应提交挠度观测点布置图、观测成果表、挠度曲线图。

第五章

一般工程施工测量放线方案的编制

》第一节　编制测量放线方案的准备工作《

施工测量有明确的原则要求，工程本身和地形、地质、气候条件又有特点，需要对现场各方面情况以及对工程要求有透彻的了解，才能经济、合理、高质量地完成测量放线工作。

测量放线工除掌握基础知识和过硬的基本功外，还要深入了解全过程，具有全面、系统的放线知识，通过编制方案全面系统地协调好各阶段、各方面的工作。方案要经资料收集，踏勘、研究、分析后才能确定最佳的可行方案。

一、资料的收集

在施工项目落实后，测量放线工作的前期工作就要着手进行。收集的资料包括。

第一，设计场地建筑总平面图所依据的大比例尺地形图。在地形图上要明确征地界址线、平面坐标系统、高程系统及控制点点志记、平面坐标和高程点。或红线桩（界址桩）坐标等有关资料。

第二，设计总平面图、建筑物基础图、平、立、剖面图及施工说明。收集资料的目的是对现场范围、地形、地质等情况以及建筑规模、建筑物的类型、层高、设计要求作全面系统的了解，作为制定方案的重要依据之一。

二、施工现场实地调查

对收集到的控制点或红线桩以及水准点的点位完好情况要进行核对，决定联测和利用方案。

带着大比例尺地形图，查看地形、地物、道路、水系等分布情况，全面踏勘后，在图上确定施工控制测量方案。

在研究施工控制测量方案时，要根据已有控制点的数量、等级及分布情况看哪种形式既能满足施工项目的总体需要和精度要求，又经济合理、因地制宜适合现有仪器设备等情况。

三、控制测量形式的确定

平面控制测量的形式有：三角网、导线网、建筑方格网或建筑基线。

三角网特点测角工作量多，以角度推算边长而确定点位，适用于山地和丘陵地区。

导线网特点量边工作量多，适用于平坦或建筑物较多的地区。

建筑方格网适用于建筑物较多，轴线大多平行的大、中型施工场地。

建筑基线一般用于小型项目。

无论采用哪种形式，以场地范围确定等级必须能起全面控制作用并满足放线的精度要求。

当两种形式都可采用时，则需从经济角度进行比较，使之合理。

高程控制测量，一般采用水准测量。按场地范围决定其等级，较大工程用四等，一般用图根水准，按水准线路长度决定。特大或大型工程有用二等或三等的。应根据实际情况进行分析。

对控制测量的形式应根据资料分析和实地调查、分析后确定。

≫ 第二节 编制施工测量放线方案 ≪

对于大型、较大型工程项目，需编制详细的施工测量放线方案，并备有说明、数据、各阶段、分项目的具体要求。由高级工组织编制，中级工需明确方案的内容和执行要点。

一、方案制定的依据及现有资料的分析

在收集资料并现场调查后，说明现有控制点的密度、精度，结合现场情况、工程要求，明确选定控制测量形式的理由。按场地范围在地形图进行布点，布网，按线路、点距决定三角网或导线网、建筑方格网的布设等级。在制定时在分析现有资料后，明确施工控制测量所采用的平面坐标系统和高程系统，是否进行联测、坐标系统转换等问题，并说明其理由。

二、施工场地平面控制网和高程控制网建立的方法和要求

在图上所布设的三角网或导线网，从范围上要覆盖整个场地的建筑物、道路、管线等放线的需要，并从密度上也能满足放样的要求。根据其控制面积、控制网距离选定小三角锁的等级或导线的等级。对三角网的具体要求见表 5-1。

表 5-1　三角网（锁）的主要技术要求

等级	平均边长/km	测角中误差（″）	起始边边长相对中误差	最弱边长相对中误差	测回数		三角形最大闭合差（″）
					DJ₆	DJ₂	
一级小三角	1	±5	1/40 000	1/20 000	4	2	±15
二级小三角	0.5	±10	1/20 000	1/10 000	2	1	±30
图根三角	0.1~0.17	±20	—	—	1	—	±60

小三角锁一般只布设 6~7 个三角形，如平均边长需 1 km 就需选一级小三角，若范围较小，平均边长 0.5 km 即可，就可选二级小三角。但三角形内角不应小于 30°。

导线测量有高级控制点可附合时，布设附合导线。一般布设环形导线作首级控制。若环形导线长度达到 1.2 km 以上要布设一级导线，或Ⅱ级导线网。钢卷尺量距导线一级、二级和图根其环形导线允许长度分别为：2.4 km、1.2 km 和 1 km。导线网中结点与高级点间或结点与结点间的导线长度不应大于附合导线规定长度的 0.7 倍。若有条件采用红外测距仪时导线长度一般可放长 40%。

由此可见：场地的控制范围，决定了控制测量的等级，由相应的等级决定了相应的测角要求如选用仪器、测回数、测回差、闭合差等；不同等级的导线，决定其量距方法及角度观测要求、方位角闭合差、相对精度等。

导线测量中平均边长与附合导线长度的关系在规范中为 1 与 10 的关系，如二级导线平均边长为 100 m，全长为 1.2 km，还要求避免过短或过长的边或转折角个数多，会影响测角精度。误差公式是按此关系推导的。

控制网等级确定后，按表 5-2 的技术要求，定观测方法及限差要求。

水准网的主要技术要求，见表 5-3 和表 5-4。

表 5-2　导线测量的主要技术要求

等级	符合导线长度/km	相对闭合差	平均边长/m	测角中误差(″)	边长丈量较差据对误差	测回数		方位角闭合差(″)
						DJ$_6$	DJ$_2$	
二	2.4	1/10 000	250	±8	I/14 000	3	1	±16$\sqrt{n}$
三	1.2	1/5 000	100	±12	I/7 000	2	1	±24$\sqrt{n}$
图根	0.5	1/2 000	90	±20	1/4 000	1	—	±40$\sqrt{n}$

表 5-3　水准网的主要技术要求

等级	每公里高差中误差/mm	附合路线长度/km	水准仪型号	水准尺	观测次数		往返较差、附合或环线闭合差	
					与已知点联测的	附合或环线的	平地/mm	山地/mm
四	±10	16	DS$_3$	双面	往返各一次	往一次	±20$\sqrt{n}$	+6$\sqrt{n}$
图根	±20	5	DS$_{10}$	—	往返各一次	往一次	±40$\sqrt{n}$	±12$\sqrt{n}$

注：1. 结点间或结点与高级间附合路线长度，不应大于表中规定的 0.7 倍。

2. 计算往返较差时，L 为水准点间的路线长度（km），计算附合或环线闭合差时，L 为附合或环线的路线长度（km）。

3. n 为山地观测此段路线时的测站数。

表 5-4　水准观测的技术要求

等级	水准仪的型号	视线长度/m	前后视距差/m	前后视距累积差/m	视线离地面最低高度/m	黑红面读数差/mm	黑红面所测高差/mm
四	S₃	80	5	10	0.2	3.0	5.0
图根	S₁₀	100	—	—	—	—	—

注：四等水准如采用单面标尺，变动仪器高度再测一次时，所测两高差限差，应为5 mm。

在制定场地平面控制网和高程控制网时，应根据表 5-1 至表 5-4 中，按所选定的等级、方法，制定相应的技术要求。有关水平角观测的详细要求见有关章节，不再重复。

三、房屋建筑定位、放线的方法和要求

1. 按建立平面控制网的形式结合建筑定位要求进行放线

（1）当建筑物附近有控制点时，可测设建筑基线，可采用极坐标法或角度交会法进行。

（2）当控制网为建筑方格网时，采用直角坐标法进行定位放线。

实际工作在确定平面控制网形式和具体控制点位选定时，必须一并考虑建、构筑物放线在密度和精度上的实际需要，既有利于精度，又便于放线。

2. 明确放线时平面位置和高程的测设方法和技术要求

应按工程需要，确定具体作业方法、仪器工具及所应达到的精度和检核方法。应针对现场具体情况，制定出保证测角、量距和观测水准的具体措施。按各项误差来源，有针对性地因地制宜采取消减办法，既经济合理又切实可行。

四、道路、管线的放线方法和要求

根据设计总平面图上设计的道路、管线分布情况应在制定控制方案应考虑到按施工控制测量所布的控制点对道路、管线进行施工测量放线。

根据设计图纸所给的起点、终点、中间转点、交角点及曲线

半径等资料（坐标值或相邻关系定位数据），确定道路、管线的具体放线方法、确定道路、管线中线测量与控制点的关系，按长度决定中线测量和联接的导线测量精度要求和等级以及曲线测设的方法。在现场钉出线路的起点、里程桩、曲线起点、曲线中点终点。并计算出线路长度。

若设计部门要求，还需进行线路纵、横断面测量并绘出线路纵、横断面图。假设线路局部有修改，尚需重新定测，在制定方案时，要对要求了解清楚。

五、沉降观测的方法和要求

根据施工项目的性质、特点和施工现场的工程地质情况，有的工程需要进行长期、精密的沉降观测，有的是鉴于施工本身需要进行的普通沉降观测。在设计图纸及说明中会作说明。

首先应根据设计或施工要求，确定沉降观测的等级和精度要求。属于高层、特高层建筑、重要厂房的柱基和设备基础、高大整体的建筑物一般要求进行精密沉降观测，此类建筑要求高且沉降量较小，一般方法不能满足要求。此时设计人员会设计观测点的位置提埋设要求，提出观测周期及精度要求，需提交的资料等。在制定方案时，应吃透要求，采取相应办法和措施，尤其对观测点稳固和长期保存应特别注意。

凡属于建于地质不良地区的建筑物，本身沉降量较大，为防止过大的不均匀沉降在施工期发生，为施工需要进行的沉降观测，可用普通仪器进行观测。精密沉降观测方法在高级工教材中讲述。

在方案中要明确定出观测等级，采用的仪器、标尺、观测时间和周期、限差要求以及提交的资料。

六、竣工测量的方法和要求

竣工总平面图是设计总平面图在施工后实际情况的全面反映。可作为企业建成投产后进行管理、维修和扩建的重要依据。特别是对于地下管道等隐蔽工程的检查和维修起着重要的作用，也是考查工程质量的依据之一。

　　编制竣工测量方案时，要根据施工项目，明确编绘的方法和包括的内容。如对下列内容：房角坐标、各种管线进出口的位置尺寸和标高；房屋四角室外标高以及道路、管线起终点、转折点等的坐标，是利用放样资料进行编制，还是竣工实测。对于需提供竣工测量的大、中型工厂或主要街区在布设控制网点时，就要考虑到竣工测量的需要，在主要建、构筑物附近布点。

第六章

施工测量技术质量管理

》》 第一节　施工测量放线验线的准则 《《

一、施工测量放线工作的基本准则

第一，学习与执行国家法令、规范，为施工服务，对施工质量与进度负责。

第二，应遵守"先整体后局部"的工作程序，即先测设精度较高的场地整体控制网，再以控制网为依据进行各局部建（构）筑物的定位、放线。

第三，应校核测量起始依据（设计图纸、文件，测量起始点位、数据等）的正确性，坚持测量作业与计算工作步步校核。

第四，测量方法应科学、简捷，精度应合理、相称，仪器精度选择应适当，使用应精心，在满足工程需要的前提下，力争做到节省费用。

第五，定位、放线工作应执行的工作制度。经自检、互检合格后，由上级主管部门验线；此外，还应执行安全、保密等有关规定，保管好设计图纸与技术资料，观测时应当场做好记录，测后应及时保护好桩位。

二、施工测量验线工作的基本准则

第一，验线工作宜从审核施工测量方案开始，在施工的各阶段，应对施工测量工作提出预见性的要求，做到防患于未然。

第二，验线的依据应原始、正确、有效，设计图纸、变更洽商与起始点位（如红线桩、水准点等）及其数据（如坐标、高程等）应为原始、有效并正确的资料。

第三，测量仪器设备应按检定规程的有关规定进行定期检校。

第四，验线的精度应符合规范要求，主要包括。

一是仪器的精度应适应验线要求，并校正完好；

二是应按规程作业，观测误差应小于限差，观测中的系统误差应采取措施进行改正；

三是验线本身应先行附合（或闭合）校核。

第五，应独立验线。观测人员、仪器设备测法及观测路线等应尽量与放线工作不相关。

第六，验线的部位应为放线中的关键环节与最弱部位，主要包括。

一是定位依据与定位条件；

二是场区平面控制网、主轴线及其控制桩（引桩）；

三是场区高程控制网及±0.000高程线；

四是控制网及定位放线中的最弱部位。

第七，验线方法及误差处理主要包括。

一是场区平面控制网与建（构）筑物定位，应在平差计算中评定其最弱部位的精度，并实地验测，精度不符合要求时应重测。

二是细部测量可用不低于原测量放线的精度进行验测，验测成果与原放线成果之间的误差处理如下。

两者之差若小于限差时，对放线工作评为优良；两者之差略小于或等于限差时，对放线工作评为合格（可不必改正放线成果，或取两者的平均值）；两者之差若大于限差时，对放线工作评为不合格并令其返工。

》》 第二节　施工测量质量控制管理 《《

一、测量外业工作质量控制管理

第一，测量作业原则。先整体后局部，高精度控制低精度。

第二，测量外业操作应按照有关规范的技术要求进行。

第三，测量外业工作作业依据必须正确可靠，并坚持测量作业步步有校核的工作方法。

第四，平面测量放线、高程传递抄测工作必须闭合交圈。

第五，钢尺量距应使用拉力器并进行尺长、拉力、温差改正。

二、测量计算质量控制管理

第一，测量计算基本要求。依据正确、方法科学、计算有序、步步校核、结果可靠。

第二，测量计算应在规定的表格上进行。在表格中抄录原始起算数据后，应换人校对，以免发生抄录错误。

第三，计算过程中必须做到步步有校核。计算完成后，应换人进行检算，检核计算结果的正确性。

三、测量记录质量控制管理

第一，测量记录基本要求。原始真实、数字正确、内容完整、字体工整。

第二，测量记录应用铅笔填写在规定的表格上。

第三，测量记录应当场及时填写清楚，不允许转抄，保持记录的原始真实性；采用电子仪器自动记录时，应打印出观测数据。

四、施工测量放线验线质量控制管理

第一，建筑工程测量放线工作必须严格遵守"三检"制和验线制度。

第二，自检。测量外业工作完成后，必须进行自检，并填写自检记录。

第三，复检。由项目测量负责人或质量检查员组织进行测量放线质量检查，发现不合格项立即改正至合格。

第四，交接检。测量作业完成后，在移交给下道工序时，必须进行交接检查，并填写交接记录。

第五，测量外业完成并经自检合格后，应及时填写《施工测量放线报验锄并报监理验线。

»» 第三节　施工测量技术资料管理 ««

施工测量技术资料管理如下。

测量技术资料应进行科学规范化管理。

测量原始记录必须做到表格规范，格式正确，记录准确，书写完整，字迹清晰。

对原始资料数据严禁涂改或凭记忆补记，且不得用其他纸张进行转抄。

各种原始记录不得随意丢失，必须专人负责，妥善保管。

外业工作必须起算数据正确可靠，计算过程科学有序，严格遵守自检、互检、交接检的"三检制"。

各种测量资料必须数据正确，符合测量规程，表格规范，格式正确方可报验。

测量竣工资料应汇编齐全、有序，整理成册，并有完整的签字交接手续。

测量资料应注意保密，并妥善保管。

第七章

班组管理

》第一节　班组的质量管理《

一、进行经常深入全面的质量教育

使全组同志提高质量意识，认识测量放线工作，在建筑施工中的重要作用，严格执行有关作业规范、规程、经常注意检核。

二、班组一般的质量管理方法

健全班组内部质量责任制。做到班组人人有专责，工作项项有质量管理要求并严格执行。

坚持标准。即按质量设计标准或内部控制标准。严格执行工艺标准要求。

抓好重点。即抓好已确定的班组质量管理点。

坚持"五不"施工。即质量标准不明确不施工，工艺方法不符合标准要求不施工，机具不完好不施工，原材料零配件不合格不施工，上道工序不合格不施工。

坚持"三不"放过。即质量事故原因找不出来不放过，不采取有效措施不放过，当事人和群众没有受到教育不放过。

落实经济效益。即质量和奖金分配挂钩。

管理好各项质量的资料。

三、测量放线工作的质量管理

技术复核制度技术复核是指在施工过程中，为避免发生重大差错，保证工程质量，对重要的和涉及工程全局的技术工作，依据设计文件和有关技术标准进行复查和校核。

与测量放线工作有关的复核项目和内容。建筑物位置复核内容是：定位复测，以控制点或规划部门指定的红线桩为准，检验其尺寸、位置。标高检验复核内容包括：引点标高，标准水平桩，槽底、垫层的基础标高，建筑物各层标高及全高。验线：建筑物基础的轴线、几何尺寸，结构层的墙身轴线，门窗口位置、尺寸，设备基础的位置线、尺寸。

对技术复核工作的要求技术复核一般在施工单位内部进行，在某些分项工程施工前预先把关检查。

技术复核的做法是：先由专业工种把每一项工序作完自检后，再由质量检查人员复验检查。若在预检中提出的不符合质量要求的问题，需认真进行复验。凡预检不合格的，不得进入下道工序。

技术复核的项目应有记录单含工程名称、复核项目。检查部位由技术员填写，质量员按其内容进行检查，填写核查意见，作出合格签证，列入工程技术档案。

技术复核工作是经常性的工作，应形成制度，明确技术复核的具体项目，填写发现问题以及纠正情况。

复核工作的人员组成先是放线工班组自查，第2步由技术队长、施工员（或质量员），放线员组成检查班子也有的施工单位由工程处质检员参加再进行1次内部检查。

也有施工单位还联合甲方进行复查。也有的城建部门或质检部门对建筑物定位和竣工进行独立于设计、施工部门的外部检查。

在建筑施工企业进行全面质量管理工作后，加强了技术复核，以保证工程质量。

班组的质量管理包括质量教育、质量管理方法与测量放线工作有关的复核项目和内容，应作为学习并作为班组管理的重要内容贯彻实施。

四、QC小组活动

QC小组是质量管理小组的简称。QC小组活动，是开展全面质量管理的基础，是抓好班组质量工作，提高和保证质量的重要保证。QC 小组是班组工人在自觉的基础上组织起来，运用质量管理的基本观点和科学管理方法，解决质量问题的群众性组织。它是职工群众根据本单位的目标和工作中存在问题，运用质量管理的理论和方法，结合班组的生产任务和专业技术，以提高产品质量、管理质量、服务质量、降低消耗和提高经济效益为目的，在单位领导下自愿组织起来，并按计划开展质量管理活动的群众性组织。它是推行全面质量管理的出发点，又是搞好全面质量管理的落脚点。质量管理的数据资料大都来自班组，质量的目标、措施都必须落实到班组，得到理解、配合并通过班组贯彻执行。

QC 小组的组织形式。以施工生产班组为主，也可以是多工种的联合小组。一般以 3～6 人为宜。QC 小组建立后，应向上级质量管理部门注册登记，以便上级质量管理部门掌握基本情况如所选课题、活动进度、成果水平等，以便进行指导、帮助和进行管理并推荐成果。

QC 小组活动的内容。一是定期学习全面质量管理知识，提高质量意识；二是运用科学管理方法，开展日常的质量管理活动，进行小组定期定量分析，组织自检、互检、研究分析；三是组织质量攻关、技术革新和总结合理化建议，制定措施，总结经验，写出 QC 成果。

五、QC 活动的一般程序

第一，选定课题，确定目标。

第二，调查分析，制定方案。

第三，根据方案，组织实施。

第四，检查效果。

第五，总结经验，写出 QC 成果。

≫ 第二节　班组的安全管理 ≪

　　安全生产是建筑企业生产管理的重要原则，只有生产安全得到可靠的保证，生产活动才能正常进行，必须牢记"生产必须安全""安全保证生产"的原则，建立班组安全生产责任制，确保生产中的安全。具体内容如下。

　　接受安全教育。牢记"安全生产，人人有责"，树立"安全第一"的思想，积极参加安全教育的活动。

　　掌握本工种的安全操作规程。认真学习有关安全知识，自觉遵守安全生产的各项制度，听从安全人员的指导，做到不违章，不冒险进行作业。时时处处注意人身和仪器工具的安全，做到安全生产。

　　发生事故或未遂事故，立即向工长报告，参加事故分析，吸取事故教训。积极倡导促进安全生产、改善劳动条件的合理化建议。

　　进行与其他工种交叉作业时，除考虑工种衔接、做到配合外，同时要考虑安全作业。

　　严格贯彻安全施工教育制度；贯彻安全施工责任制度；贯彻有关安全技术操作规程。如进入施工现场必须戴安全帽，否则不准上岗作业；架设仪器作业时，要与高空作业工种进行联系，防止东西落下造成安全事故，必要时由工长进行协调。工作时全神贯注，不准嬉戏打闹。每天班前及收工时，必须检查工具、仪器和安全帽等，检查工作现场是否符合安全要求等。

　　施工需用的生产工具及作业用的仪器、设备，上岗作业前必须进行检查，不准"带病使用"。

第八章

保障施工安全

>>> 第一节　熟记安全须知 <<<

一、建筑施工防火须知

第一，贯彻"预防为主，防消结合"的安全方针，实行防火安全责任制。

第二，现场动用明火必须有审批手续和动火监护人员，配备合适的灭火器材，下班前必须确认无火灾隐患方可离开。

第三，宿舍内严禁使用煤油灯、煤气灶、电饭煲、热得快、电炒锅、电炉等。

第四，施工现场除指定地点外作业区禁止吸烟。

第五，严格遵守冬季、高温季节施工等防火要求。

第六，从事金属焊接（气割）等作业人员必须持证上岗，焊割时应有防水措施。

第七，木工车间及装修施工区易燃废料必须及时清除，防止火灾发生，发生火灾（警）应立即向 119 报警。

第八，按消防规定，施工现场和重点防火部位必须配备灭火器材和有关器具。

第九，当建筑施工高度超过 30 m 时，要配备有足够消防水源和自救的用水量，立管直径在 2 cm 以上，有足够扬程的高压水泵保证水压和每层设有消防水源接口。

二、建筑施工用电须知

第一，使用电气设备前，必须按规定穿戴相应的劳动保护品，并检查电气装置和保护设施是否完好。开关箱使用完毕，应断电上锁。

第二，建设工程在高、低压线路下方，不得搭设作业棚，建造生活设施或堆放构件、材料以及其他杂物等，必要时采取安全防护措施。

第三，不得攀爬、破坏外电防护架体，不得损坏各类电气设备。

第四，施工现场配电，中性点直接接地中必须采用 TN—S 接零保护系统（三相五线制），实行三级配电（总配电柜、箱、分路箱、开关箱）三级保护。线路（包括架空线、配电箱内连线）分色为：相线 L1 为黄色，相线 L2 为绿色，相线 L3 为红色，工作零线 N 为浅蓝色，保护零线 PE 为黄/绿双色。禁止使用老化电线，破皮的应进行包扎或更换。不得拖拉、浸水或缠绑在脚手架上等。

第五，实行"一机一闸一漏一箱"制。严禁使用电缆券筒螺旋开关箱，严禁带电移动电气设备或配电箱，禁用倒顺开关。

第六，施工现场停止作业 1 小时以上时，应将动力开关箱断电上锁。

第七，熔断丝应与设备容量相匹配、不得用多根熔丝绞接代替一根熔丝，每组熔丝的规格应一致，严禁用其他金属丝代替熔丝。

第八，施工现场照明灯具的金属外壳必须作保护接零，其电源线应采用三芯橡皮护套电缆，严禁使用花线和塑料护套线。

三、建筑施工安全操作

第一，正确使用个人防护用品和安全防护措施。

进入施工现场，必须戴安全帽，禁止穿拖鞋或光脚。在没有防护设施的高空、悬崖和陡坡施工，必须系安全带。

第二，室内抹灰使用的木凳、金属支架应搭设平稳牢固，脚手板跨度不得大于 2 m。架上堆放材料不得过于集中，在同一跨度内不应超过两人。

第三，不准在门窗、暖气片、洗脸池等器物上搭设脚手架。阳台部位粉刷，外侧必须挂设安全网，严禁踩踏脚手架的护身栏杆和阳台栏板进行操作。

第四，机械喷灰应戴防护用品，压力表、安全阀应灵敏可靠，输浆管各部接口应拧紧牢固。管路摆放顺直，避免折弯。

第五，输浆应严格按照规定压力进行，超压和管道堵塞，应卸压检修。

第六，贴面使用预制件、大理石、瓷砖等，应堆放整齐平稳，边用边运。安装要稳拿稳放，待灌浆凝固稳定后，方可拆除临时支撑。

第七，使用磨石机，应戴绝缘手套、穿胶靴，电源线不得破皮漏电，金刚砂块安装必须牢固，经试运转正常，方可操作。

第八，脚手架铺板高度超过 2 m 时，应由架子工按规定支搭脚手架。经检查验收后方可操作。

第九，使用人字梯或靠梯在光滑的地面上操作，梯子下脚要绑麻布或胶皮并加拉结绳，脚手板不要放在最高一档上。脚手板两端搭头长度不少于 20 cm，跳板净跨不得大于 2 m。脚手板上不得同时站 2 人操作。

第十，用石灰水喷浆时，应将手、脸抹上凡士林或护肤膏，并戴上防护镜和口罩，以免灼伤皮肤。

第十一，如在阳台上操作，上跳板人员应系好安全带。

四、建筑施工文明行为

第一，进入工地服装应整洁，必须佩带工作卡。

第二，保持作业场所整洁，要做到工完料净地清，不能随意抛撒物料；物料要堆放整洁。

第三，在工地禁止嬉闹及酒后工作；应互相帮助，自尊自爱，禁止赌博等违法行为。

第四，施工现场严禁焚烧各类废弃物。

五、建筑施工卫生与健康

第一，注意饮食卫生，不吃变质饭菜；应喝开水，不要喝生水。

第二，讲究个人卫生，勤洗澡，勤换衣。

第三，出现身体不适或生病时，应及时就医，不要带病工作。

第四，宿舍被褥应叠放整齐、个人用具按次序摆放；保持室内、室外环境整洁。

第五，注意劳逸结合，积极参与健康的文体活动。

≫ 第二节　读懂安全标识 ≪

一、标志牌设置原则

1. 工厂外大门口需要的安全标志牌

（1）在有车辆出入的大门需要设置限高、限宽的相关安全标志牌。

（2）"禁止吸烟"安全标志牌。

（3）根据工厂情况设置安全防护标志。如："必须戴安全帽""必须戴防护眼镜""必须穿防护鞋"。

2. 工厂内部需要的安全标志牌

（1）在相关的场所设置警示标志牌。

（2）在配电室、开关等场所设置"当心触电"标志牌。

（3）在易发生机械卷入、轧压、碾压、剪切等伤害的机械作业车间，设置"当心机械伤人"标志牌。

（4）在易造成手部伤害的机械加工车间，设置"当心伤手"标志牌。

（5）在铸造车间及有尖角散料等易造成脚部伤害的车间，设置"当心扎脚"标志牌。

（6）在需要采取防护的相关车间门口设置强制采用防范措施的图形标志。

（7）在易发生飞溅的车间，如焊接、切割、机加工等车间，设置"必须戴防护眼镜"标志牌。

（8）在噪声超过85 dB的车间，设置"必须戴护耳器"标志牌。

（9）在易伤害手部的作业场所，如易割伤手的机械加工车间，易发生触电危险的作业点等，设置"必须戴防护手套"标志牌。

（10）在易造成脚部砸（刺）伤的车间，设置"必须穿防护鞋"标志牌。

3. 用警示条纹带区分不同的工作场所

（1）重要的或危险的生产加工区可用红黄斑马带圈定，并在显著位置加贴"危险"警示标识，以示说明。

（2）一般的工作区或临时仓储区等，可用黄黑斑马带圈定，加贴"警告"标识。

（3）其他区域，如安全通道区域的警示标识可加贴"注意""小心"等标识，以示说明。

4. 逃生路线及应急设备

（1）用圆点和箭头标出逃生路线的方向。以最近的"出口"为准。

（2）用标贴贴于有棱角、坡度、扶手和把手等位置，以显出层次感。

（3）有台阶、坡度或易滑的位置，可使用防滑贴加以预防。

（4）所有"出口"都应在显著位置加贴"出口"标识（有要求可安装应急灯或采用荧光标识）

（5）在配电房、空压房等设备室房门上加贴"不准进入"和其他警示标识，以示说明。

（6）在所有应急设备旁，如"119""消火栓""洗眼站"等，加贴说明标识。

5. 管道标志

（1）在各种管道上加贴标签，标明层次、管道中的介质以及流向。

（2）交通部门需要的安全标志牌。

二、常见标志牌

1. 禁止标志

禁止标志如图 8-1 所示。

图 8-1　禁止标志

职业技能培训教材·建筑工程系列

测量放线工

184

2. 警告标志

警告标志如图 8-2 所示。

图 8-2　警告标志

3. 指令标志

指令标志如图 8-3 所示。

图 8-3　指令标志

4. 指示标志

指示标志如图 8-4 所示。

图 8-4　指示标志

参考文献

白会人. 2016. 图解测量放线工技能速成 [M]. 北京：化学工业出版社.

建筑工人职业技能培训教材编委会. 2016. 测量放线工 [M]. 北京：中国建材工业出版社.

就业金钥匙编委会. 2014. 图解测量放线工技能一本通 [M]. 北京：化学工业出版社.

麦丽. 2014. 测量放线工 [M]. 北京：中国建筑工业出版社.

人力资源和社会保障部教材办公室组织. 2011. 测量放线工（初级）[M]. 北京：中国劳动社会保障出版社.

撒利伟. 2010. 工程测量 [M]. 西安：西安交通大学出版社.

危凤海. 2014. 测量放线工 [M]. 北京：清华大学出版社.

王欣龙. 2012. 测量放线工必备技能 [M]. 北京：化学工业出版社.

徐树峰. 2014. 施工测量放线新手入门 [M]. 北京：中国电力出版社.

赵桂生，焦有权. 2013. 测量放线工入门与技巧 [M]. 北京：化学工业出版社.